SULLE ORME DI EUCLIDE
VOLUME 2: LA CIRCONFERENZA E L'EQUIVALENZA

AF797148

Alessandro Cordelli

SULLE ORME DI EUCLIDE

Volume 2
la Circonferenza e l'Equivalenza

PM EDIZIONI

Copyright © 2017
PM edizioni
via Garibaldi, 3
17019 Varazze (SV)

www.pmedizioni.it

I diritti di traduzione, di memorizzazione elettronica, di riproduzione e di adattamento anche parziale, con qualsiasi mezzo, sono riservati per tutti i Paesi.
Non sono assolutamente consentite le fotocopie senza il permesso scritto dell'Editore.

ISBN 978-88-99565-34-3
Prima edizione: gennaio 2017

INDICE

Parte II. L'equivalenza

Elenco delle figure

PREFAZIONE

Il nostro viaggio negli *Elementi* prosegue con lo studio delle proprietà della circonferenza e dell'equivalenza tra poligoni. Le questioni relative alla superficie dei poligoni occupano parte del primo (il teorema di Pitagora e il suo inverso sono le ultime due proposizioni del libro) e il secondo libro (un libro molto breve, di sole quattordici proposizioni). Alla circonferenza è invece interamente dedicato il terzo libro mentre il quarto tratta dei poligoni inscritti o circoscritti a un cerchio (e consta esclusivamente di costruzioni con riga e compasso). Mentre i teoremi di tutti i libri dal secondo in poi fanno massicciamente uso dei risultati dimostrati nel primo libro, alcuni argomenti sono praticamente indipendenti l'uno dall'altro, come è appunto il caso dei due ambiti affrontati in questo secondo volume. Per questo motivo si è optato per una suddivisione del volume in due parti. Addirittura, nella usuale pratica didattica e nella maggioranza dei testi di geometria per le scuole superiori (e anche qui useremo lo stesso ordine di presentazione), la circonferenza viene introdotta prima dell'equivalenza, in maniera inversa rispetto agli *Elementi*, senza che questo pregiudichi la coerenza logica del sistema.

Come già si è avuto modo di osservare nel caso dei poligoni, anche nell'ambito delle figure equivalenti e della circonferenza sorgono alcuni interessanti aspetti concettuali che si distaccano dalla matematica moderna. Ad esempio, il fatto che Euclide non usi due termini distinti per uguaglianza ed equivalenza, ma chiami uguali figure che noi chiameremmo equivalenti e stabilisca l'uguaglianza tra poligoni (come nei criteri di uguaglianza dei triangoli) verificando l'uguaglianza elemento per elemento. Venendo invece alla circonferenza, l'aspetto più interessante è forse quello relativo alla nozione di angolo come parte di piano compresa tra due linee, senza specificare se si tratti di rette o di linee curve. In questa nozione rientra anche l'angolo compreso tra una semicirconferenza e la tangente in uno degli estremi del diametro. Tuttavia, nella proposizione 16 del terzo libro, la quale stabilisce che la retta perpendicolare al diametro in un suo estremo è tangente alla circonferenza, viene anche mostrato come nessun angolo rettilineo (cioè con i lati che sono due semirette) col vertice nel punto di tangenza possa essere interamente interno all'angolo curvilineo formato dalla circonferenza e dalla sua tangente. Questa osservazione – apparentemente di poco conto – è invece fondamentale per riconoscere che la classe più generale degli angoli (rettilinei e curvilinei) non obbedisce al cosiddetto postulato di Archimede, secondo cui date due grandezze esiste sempre un multiplo della minore che supera la maggiore. Questo fatto costringe Euclide, per poter sviluppare la teoria delle proporzioni, a limitare il campo degli angoli ai soli angoli rettilinei, cosa che verrà (implicitamente) stabilita nella definizione 4 del quinto libro.

PARTE I

LA CIRCONFERENZA

LEZIONE 1

CIRCONFERENZE, CORDE, DIAMETRI

1.1 La circonferenza

Il terzo libro degli *Elementi* di Euclide è interamente dedicato alla circonferenza e le sue proprietà. Le principali definizioni riguardanti la circonferenza sono le seguenti (facciamo riferimento alla Figura 1):

1. la circonferenza è una linea tale che tutti i segmenti che hanno un estremo su di essa e l'altro in un determinato punto (detto centro della circonferenza, punto O) sono uguali;
2. il cerchio è la regione di piano delimitata dalla circonferenza, che ne costituisce quindi il contorno;
3. il raggio è un segmento che ha un estremo nel centro e l'altro in un punto della circonferenza (come ad esempio OF);
4. la corda è un segmento avente gli estremi sulla circonferenza (ad esempio EF);
5. il diametro è un segmento avente gli estremi sulla circonferenza e passante per il centro (ad esempio AB);
6. sono uguali i cerchi i cui diametri (o raggi) sono uguali;
7. una retta è tangente a una circonferenza quando la incontra in un solo punto;
8. una retta è secante a una circonferenza quando la incontra in due punti;
9. due circonferenze sono tangenti quando hanno un solo punto in comune;

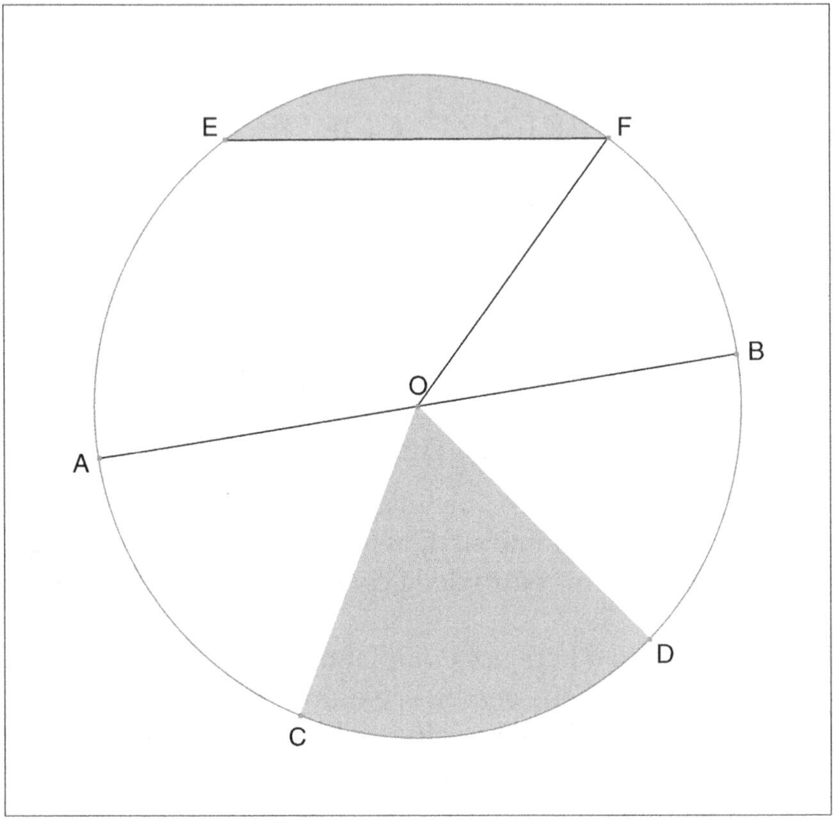

Figura 1: La circonferenza

10. il segmento circolare è una figura delimitata da un arco e dalla corda da questo sottesa (come ad esempio la parte ombreggiata al di sopra della corda *EF*);
11. la figura delimitata dai due lati di un angolo avente vertice nel centro di un cerchio e dall'arco che tali lati delimitano sulla circonferenza si chiama settore circolare (come la figura ombreggiata *COD*; osserviamo che una coppia di raggi individua sempre due archi sulla circonferenza, e quindi due settori circolari:

uno corrispondente ad un angolo minore o uguale all'angolo piatto e l'altro corrispondente ad un angolo maggiore o uguale all'angolo piatto);

12. gli estremi di un arco individuano due tipi di angolo: quello che ha il vertice nel centro di un cerchio, che si chiama *angolo al centro*, quello che ha il vertice sulla circonferenza, che si chiama *angolo alla circonferenza*.

1.2 Le prime proprietà

Inizieremo lo studio della circonferenza con alcune semplici costruzioni geometriche per la determinazione del centro di una circonferenza data e della circonferenza dati tre punti di essa; mostreremo inoltre come il cerchio sia una figura convessa.

1.2.1 Determinazione del centro di un cerchio

La prima proposizione del terzo libro degli *Elementi* è una costruzione geometrica volta a trovare il centro di un cerchio; essa infatti recita semplicemente:

Trovare il centro di un cerchio dato

Con riferimento alla Figura 2, in una circonferenza di cui non si conosce il centro tracciamo una qualsiasi corda *AB*. Costruiamo poi l'asse del segmento *AB*, che interseca la circonferenza in *C* e *D*; il punto medio *O* del segmento *CD* è il centro della circonferenza.

Infatti, procediamo per assurdo e supponiamo che il centro della circonferenza non sia *O* ma un altro punto *P* interno al cerchio. Uniamo *P* con gli estremi *A* e *B* e con il punto medio *M* della corda che abbiamo tracciato. I due triangoli che si vengono così a formare (*AMP* e *PMB*) so-

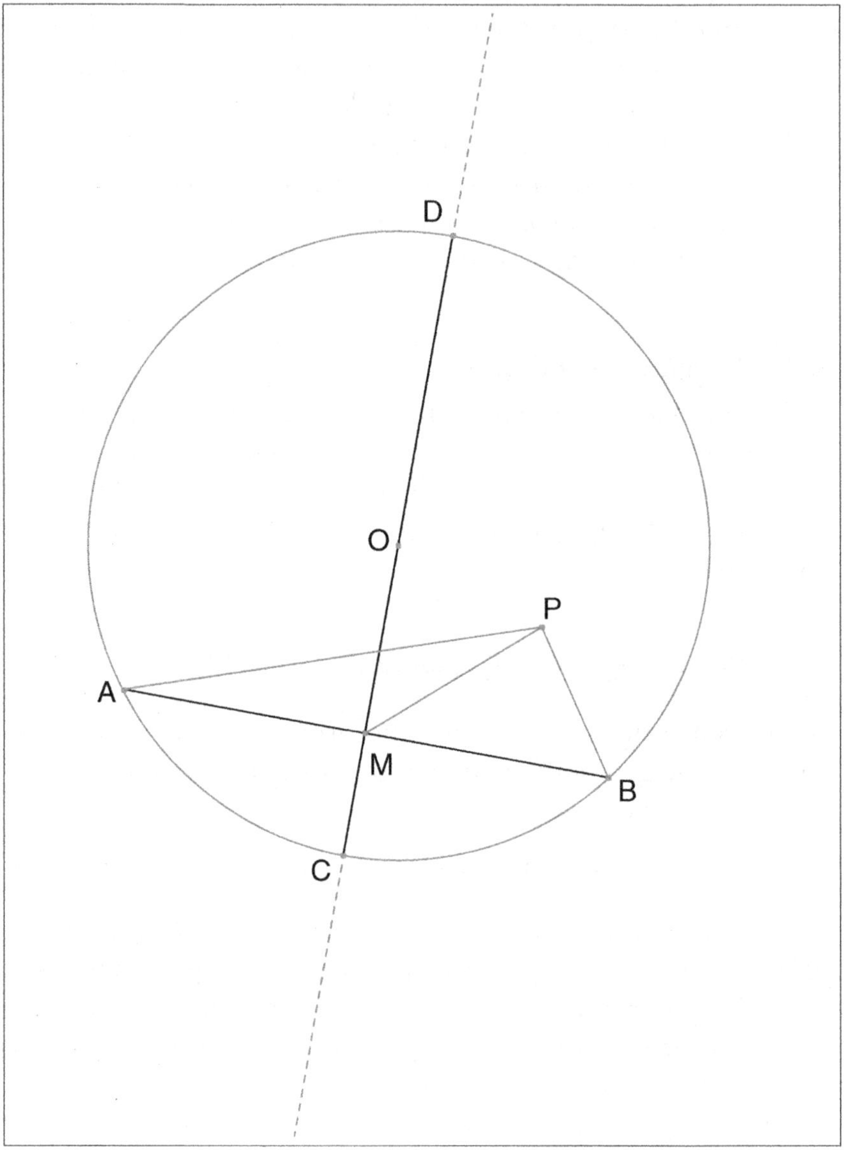

Figura 2: Determinazione del centro

no uguali in virtù del terzo criterio di uguaglianza. Infatti: $AM = MB$ perché M è il punto medio; PM è in comune; $PA = PB$ perché abbiamo supposto che P sia il centro della circonferenza. Ora, nei triangoli uguali gli angoli delimitati dalle coppie di lati che si corrispondono sono uguali, pertanto $A\hat{M}P = P\hat{M}B = \frac{\pi}{2}$, essendo la somma dei due pari all'angolo piatto $A\hat{M}B$.

Anche l'angolo $O\hat{M}B$ è retto, essendo CD l'asse del segmento AB. Osserviamo allora che l'angolo $P\hat{M}B$ è contenuto in $O\hat{M}B$ e tuttavia i due angoli sono uguali, ciò che è in contraddizione con l'ottava nozione comune per cui il tutto è maggiore della parte. Formalizziamo i passaggi della dimostrazione:

Ipotesi: La costruzione della Figura 2; CD è l'asse della corda AB

1. il punto P diverso da O è il centro della circonferenza (tesi negata)
2. $AM = MB$ (ipotesi)
3. $PM = PM$ (identità)
4. $PA = PB$ (1)
5. i triangoli AMP e PMB sono uguali (2, 3, 4, terzo criterio di uguaglianza)
6. $A\hat{M}P = P\hat{M}B = \frac{\pi}{2}$ (5)
7. $O\hat{M}B = \frac{\pi}{2}$ (ipotesi)
8. $O\hat{M}B = P\hat{M}B$ (6, 7)
9. $O\hat{M}B > P\hat{M}B$ (ipotesi, VIII nozione comune)
10. contraddizione (8, 9)
11. **Tesi**: O è il centro della circonferenza (10)

Da questo teorema segue immediatamente il corollario:

In un cerchio il centro appartiene all'asse di una qualsiasi corda

1.2.2 Il cerchio è una figura convessa

Anche la seconda proposizione del terzo libro viene dimostrata per assurdo; essa afferma la convessità della circonferenza. Ricordiamo che una figura si dice *convessa* quando – presi comunque due suoi punti – il segmento che li unisce è tutto interno alla figura stessa; se invece è possibile trovare almeno una coppia di punti appartenenti alla figura tali che il segmento di cui essi sono estremi contiene anche punti non appartenenti alla figura, diremo che questa è *concava*. Vale quindi il seguente teorema:

Se in un cerchio si prendono sulla circonferenza due punti a piacere, il segmento che li unisce cadrà internamente al cerchio

Per la dimostrazione facciamo riferimento alla Figura 3 e consideriamo su una circonferenza di centro O due punti A e B. Supponiamo che la corda AB cada –almeno in parte – fuori dal cerchio (è la linea tratteggiata ACB in Figura 3 che ovviamente deve essere rappresentata come una linea curva dato che non sarebbe possibile disegnare un segmento rettilineo che unisce due punti della circonferenza e cade fuori di essa). Prendiamo poi sul minore degli archi AB un punto D e prolunghiamo il raggio OD fino ad incontrare il segmento AB in C.

Il teorema dell'angolo esterno applicato al triangolo AOC ci dice che $O\hat{C}B > O\hat{A}C$ mentre, in virtù del teorema del triangolo isoscele, $O\hat{A}B = O\hat{B}A$ (il triangolo OAB è infatti

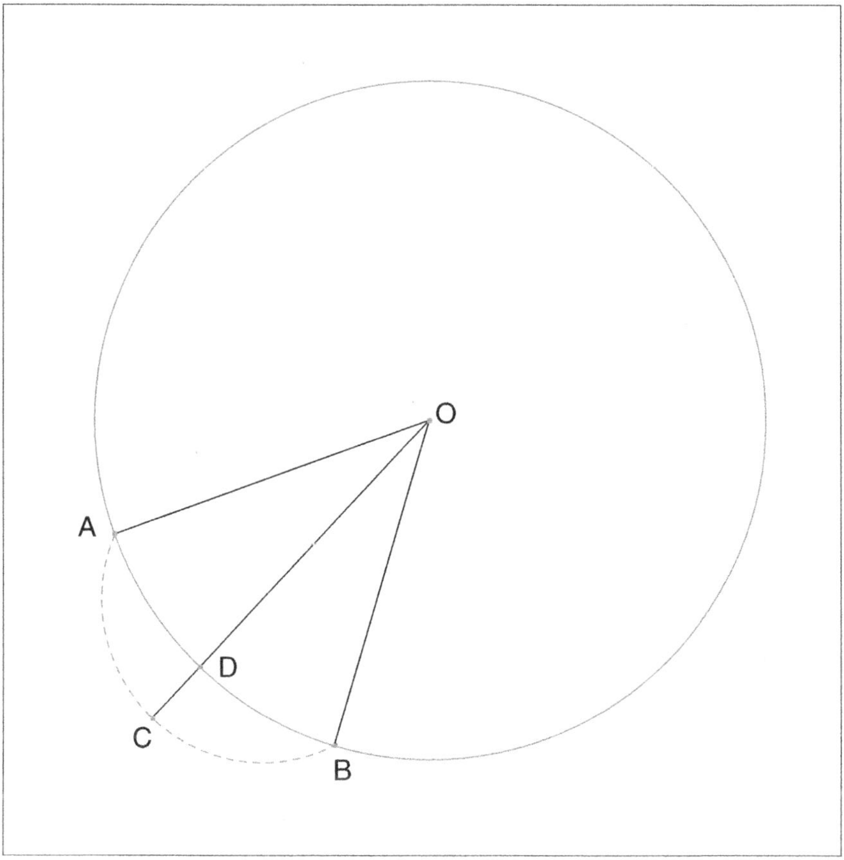

Figura 3: Dimostrazione della convessità del cerchio

isoscele poiché $OA = OB$ in quanto raggi); avremo pertanto $O\hat{C}B > O\hat{B}C$. Se adesso applichiamo il teorema sui triangoli con angoli diversi al triangolo OCB (ad angolo maggiore sta opposto lato maggiore) abbiamo che $OB > OC$. Ma $OB = OD$ poiché sono entrambi raggi della circonferenza, e quindi $OD > OC$. Quest'ultima disuguaglianza è però in contraddizione con l'ottava nozione comune, per cui il tutto (OC) deve essere maggiore della parte (OD).

Per lo stesso motivo non può neanche essere il punto C appartenente alla circonferenza, quindi deve essere necessariamente interno. Formalizziamo i passaggi della dimostrazione:

Ipotesi: La costruzione della Figura 3

1. il segmento AB passa esternamente alla circonferenza (tesi negata)
2. $O\hat{C}B > O\hat{A}C$ (teorema dell'angolo esterno, ipotesi)
3. $OA = OB$ (ipotesi)
4. $O\hat{A}B = O\hat{B}A$ (teorema del triangolo isoscele, 3)
5. $O\hat{C}B > O\hat{B}C$ (2, 4)
6. $OB > OC$ (teorema triangoli con angoli diversi, 5)
7. $OB = OD$ (ipotesi)
8. $OD > OC$ (6, 7)
9. $OD < OC$ (VIII nozione comune, 1)
10. contraddizione (8, 9)
11. **Tesi**: il segmento AB è interno alla circonferenza (10)

1.2.3 Costruzione della circonferenza per tre punti

Il corollario del teorema sulla determinazione del centro di un cerchio ci suggerisce un metodo per determinare una circonferenza essendone dati alcuni punti. In particolare tre punti non allineati identificano univocamente una e una sola circonferenza.

Abbiamo infatti visto che il centro della circonferenza appartiene all'asse di una qualsiasi corda; se dunque prendiamo tre punti non allineati A, B e C (Figura 4) essi formeranno tre segmenti, di cui ne consideriamo due, ad esempio AB e BC. Gli assi s ed r delle due corde non sono paralleli e quindi si incontreranno in un unico punto O. Ora, il

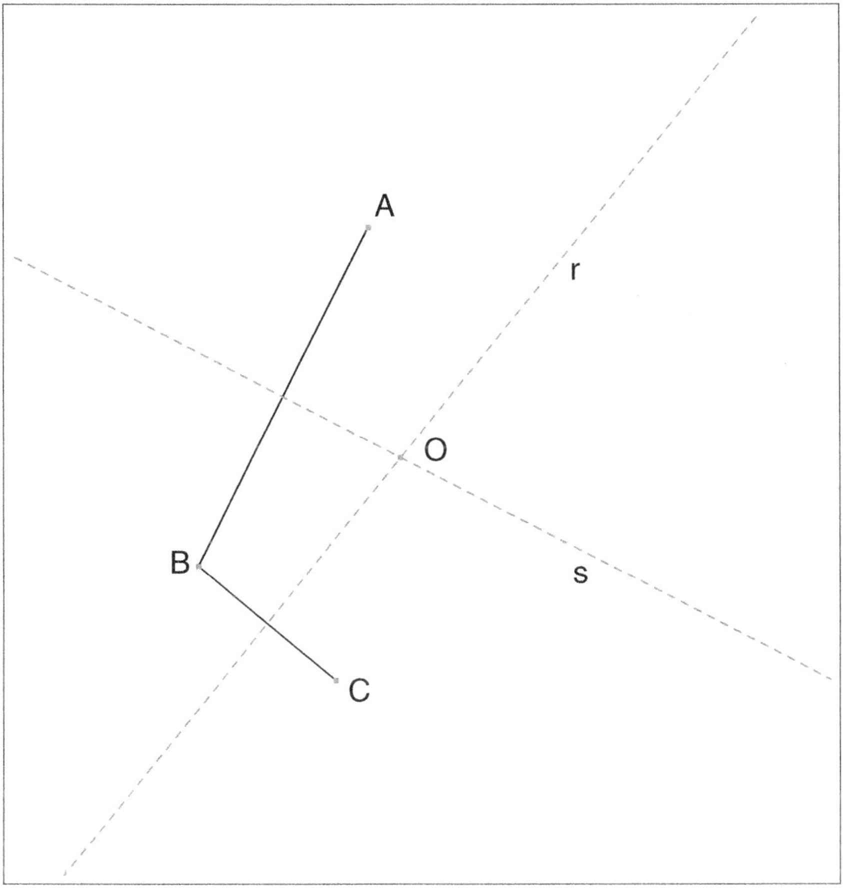

Figura 4: Centro della circonferenza passante per tre punti

punto O appartiene all'asse di AB ed è quindi equidistante da A e da B, inoltre esso appartiene all'asse di BC ed è quindi equidistante da B e da C; pertanto: $AO = BO = CO$. Ciò significa che i tre punti – essendo equidistanti da O – appartengono ad una stessa circonferenza di centro O.

Inoltre, poiché i due assi s ed r possono incontrarsi in un solo punto, non vi sarà una seconda circonferenza diversa da quella di centro O e raggio $AO = BO = CO$ alla quale appartengano A, B e C.

Questa costruzione geometrica è sostanzialmente la dimostrazione della decima proposizione del terzo libro degli *Elementi* che recita:

> **Una circonferenza non taglia un'altra circonferenza in più di due punti**

Una conseguenza importante di questo teorema è espressa dalla proposizione 24 del terzo libro (la cui dimostrazione viene lasciata per esercizio), che recita:

> **Segmenti circolari posti su corde uguali di una stessa circonferenza (o di circonferenze uguali) sono uguali tra loro**

A sua volta, da questa proposizione ne discende un altro gruppo, di cui non diamo la dimostrazione, e che riassumiamo nella seguente proprietà:

> **In una stessa circonferenza (o in circonferenze uguali) archi uguali insistono su angoli al centro uguali e archi che insistono su angoli al centro uguali sono uguali; inoltre archi uguali sottendono corde uguali e gli archi sottesi da corde uguali sono uguali tra loro**

1.3 Relazione tra una corda e il diametro perpendicolare

Prendiamo ora in considerazione una qualsiasi corda di una circonferenza; la terza proposizione del terzo libro degli *Elementi* asserisce che tra tutti i diametri che la incontrano quello che passa per il suo punto medio è ad essa perpendicolare e, viceversa, il diametro perpendicolare ad una corda la taglia nel suo punto medio. Vale cioè il seguente teorema:

Se in un cerchio una retta che passa per il centro (cioè un diametro), divide per metà una corda che non passi per il centro, è ad essa perpendicolare; e se è ad essa perpendicolare la divide anche per metà

La dimostrazione di questo teorema si gioca tutta sull'uguaglianza dei triangoli *OAE* e *OBE* nella Figura 5, dove *O* è il centro della circonferenza.

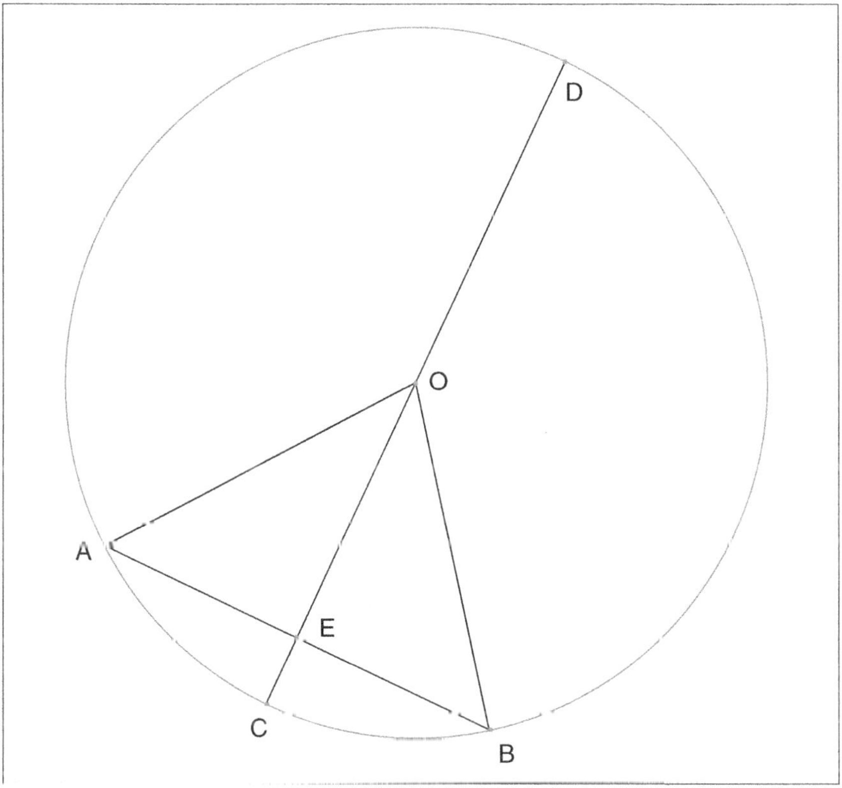

Figura 5: Diametro perpendicolare a una corda

Nella prima parte del teorema assumiamo per ipotesi che $AE = BE$, inoltre $OA = OB$ in quanto raggi della circonferenza e OE è in comune. I triangoli OAE e OBE sono quindi uguali in virtù del terzo criterio. Sarà dunque $O\hat{E}A = O\hat{E}B = \frac{\pi}{2}$ (poiché i due angoli uguali, sommati insieme, formano un angolo piatto).

Nella seconda parte del teorema sappiamo per ipotesi che $O\hat{E}A = O\hat{E}B = \frac{\pi}{2}$, ciò che ci permette di affermare che i triangoli OAE e OBE sono uguali. Infatti, poiché in quanto raggi della circonferenza, anche gli angoli $O\hat{A}E$ e $O\hat{B}E$ sono uguali in virtù del teorema del triangolo isoscele; si può quindi invocare il secondo criterio di uguaglianza dei triangoli. Formalizziamo i passaggi della dimostrazione iniziando dalla prima parte:

Ipotesi (1): La costruzione di Figura 5 in cui $AE = BE$

1. $OA = OB$ in quanto raggi (ipotesi)
2. $OE = OE$ (lato in comune)
3. i triangoli OAE e OBE sono uguali (terzo criterio di uguaglianza, ipotesi, 1, 2)
4. **Tesi (1)**: $O\hat{E}A = O\hat{E}B = \frac{\pi}{2}$ (E.C.T.U., 3)

Per quanto riguarda la seconda parte abbiamo:

Ipotesi (2): La costruzione di Figura 5 in cui $O\hat{E}A = O\hat{E}B = \frac{\pi}{2}$

1. $OA = OB$ in quanto raggi (ipotesi)
2. $O\hat{A}E = O\hat{B}E$ (teorema del triangolo isoscele, 1)
3. i triangoli OAE e OBE sono uguali (secondo criterio di uguaglianza, ipotesi, 1, 2)
4. **Tesi (2)**: $AE = BE$ (E.C.T.U., 3)

1.4 Proprietà delle corde in relazione alla loro distanza dal centro

Le proposizioni 14 e 15 del terzo libro degli *Elementi* stabiliscono alcune importanti proprietà delle corde di una circonferenza che si possono dedurre dalla loro distanza dal centro, proprietà esprimibili in termini di uguaglianze e di disuguaglianze.

1.4.1 Corde ugualmente distanti dal centro

In un cerchio possiamo tracciare molte corde uguali in posizioni diverse sulla circonferenza, come pure possiamo tracciare molte corde aventi la stessa distanza dal centro, anch'esse in posizioni diverse sulla circonferenza. La proposizione 14 stabilisce che le due condizioni – stessa lunghezza e stessa distanza dal centro – sono equivalenti, nel senso che se si verifica la prima si verifica anche la seconda e viceversa. Vale cioè il seguente teorema:

In un cerchio corde uguali distano ugualmente dal centro, e quelle che distano ugualmente dal centro sono uguali tra loro

Per la dimostrazione facciamo riferimento alla Figura 6. Supponiamo dapprima che le due corde abbiano la stessa lunghezza, cioè che $AB = CD$. Dai punti medi H e K delle due corde tracciamo le perpendicolari alle corde stesse che – in conseguenza del teorema dimostrato nel precedente paragrafo – passano per il centro della circonferenza (se così non fosse, avremmo due perpendicolari distinte alla corda passanti per il suo punto medio...). Consideriamo adesso i triangoli rettangoli OHB e OKD: i cateti HB e KD sono uguali perché metà delle corde uguali per ipotesi, mentre le ipotenuse OB e OD sono uguali perché raggi della circonferenza. I due triangoli saranno pertanto uguali (il fatto che due triangoli rettangoli aventi uguali l'ipotenusa e un cateto siano uguali – noto anche come *criterio di uguaglianza dei triangoli rettangoli* – è stabilito nel lemma introdotto per dimostrare il teorema che identifica la bisettrice di un angolo con il luogo geometrico dei punti equidistanti dai suoi lati) e quindi lo saranno anche gli elementi corrispondenti OH e OK, distanze delle corde dal centro. Formalizziamo i passaggi della prima parte della dimostrazione:

Ipotesi (1): La costruzione di Figura 6 in cui $AB = CD$

1. $OH \perp AB$ (teorema precedente)
2. $OK \perp CD$ (teorema precedente)
3. $HB = KD$ (ipotesi)
4. $OB = OD$ in quanto raggi (ipotesi)
5. $O\hat{H}B = O\hat{K}D$ (1, 2)
6. $OHB = OKD$ (secondo criterio di uguaglianza, 3, 4, 5)
7. **Tesi (1)**: $OH = OK$ (E.C.T.U., 6)

Supponiamo invece di sapere per ipotesi che i due segmenti perpendicolari dal centro della circonferenza alle corde sono uguali: $OH = OK$. Nuovamente, prendiamo in considerazione i triangoli OHB e OKD che – sempre per il teorema dimostrato nel precedente paragrafo – sono rettangoli. Essendo i cateti $OH = OK$ per ipotesi e le ipotenuse $OB = OD$ poiché raggi, i due triangoli sono uguali in base al criterio di uguaglianza dei triangoli rettangoli. Saranno quindi uguali gli elementi corrispondenti HB e KD. Ora, sempre in base al teorema dimostrato nel precedente paragrafo, la perpendicolare condotta dal centro a una corda la divide a metà; pertanto AB è il doppio di HB e CD è il doppio di KD. Ma abbiamo dimostrato che $HB = KD$, da

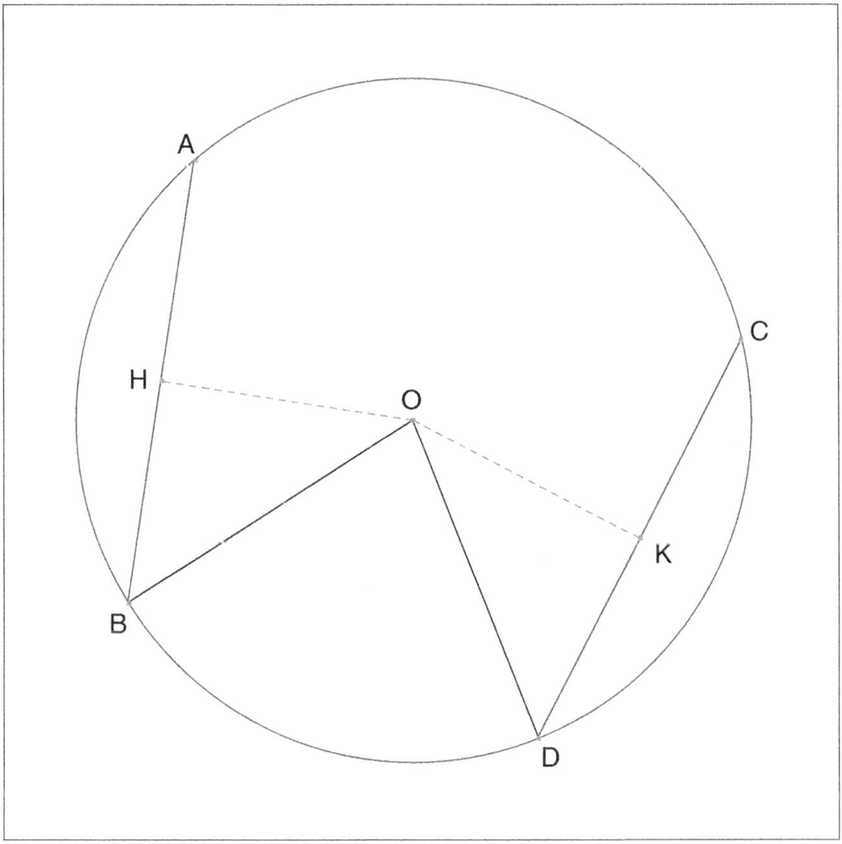

Figura 6: Corde ugualmente distanti dal centro

cui si deduce che $AB = CD$. Ecco anche la formalizzazione della seconda parte della dimostrazione:

Ipotesi (2): La costruzione di Figura 6 in cui $OH = OK$

1. $OH \perp AB$ (teorema precedente)
2. $OK \perp CD$ (teorema precedente)
3. $OH = OK$ (ipotesi)
4. $OB = OD$ in quanto raggi (ipotesi)

5. $O\hat{H}B = O\hat{K}D$ (1, 2)
6. $OHB = OKD$ (secondo criterio di uguaglianza, 3, 4, 5)
7. $HB = KD$ (E.C.T.U., 6)
8. $AB = 2 \cdot HB$ (teorema precedente, ipotesi)
9. $CD = 2 \cdot KD$ (teorema precedente, ipotesi)
10. **Tesi (2)**: $AB = CD$ (8, 9)

1.4.2 Corde diversamente distanti dal centro

Se le corde che hanno la stessa distanza dal centro sono uguali, è logico aspettarsi che corde diversamente distanti dal centro non lo siano. La proposizione 15 del terzo libro si occupa proprio di questa situazione e fornisce un criterio per stabilire quale sia la maggiore tra due corde diversamente distanti dal centro. Essa stabilisce inoltre il fatto che il diametro sia maggiore di ogni altra corda non passante per il centro. Vale quindi il seguente teorema:

In un cerchio il diametro è la corda massima, e delle altre corde quella che è più vicina al centro è sempre maggiore di quella più lontana

Separiamo la dimostrazione in due parti, iniziando dalla deduzione che il diametro sia la corda massima.

Facendo riferimento alla Figura 7 sia AB una qualunque corda non passante per il centro O. Consideriamo adesso il triangolo AOB e applichiamo ad esso la disuguaglianza triangolare: $AB < OA + OB$. Riconosciamo facilmente che la somma dei due raggi OA e OB è pari al diametro, pertanto la disuguaglianza scritta è proprio la tesi della prima parte del teorema. Formalizziamo i passaggi di questa prima parte della dimostrazione:

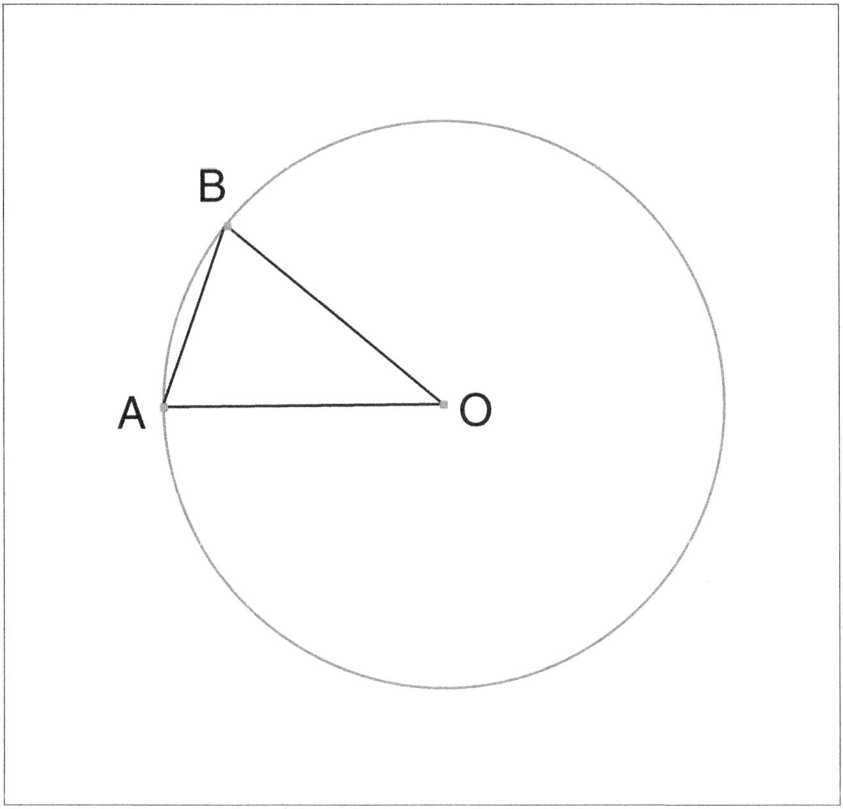

Figura 7: Il diametro è la corda massima

Ipotesi (1): La costruzione di Figura 7 in cui la corda AB non passa per il centro O

1. $AB < OA + OB$ (disuguaglianza triangolare, ipotesi)
2. $OA + OB$ è il diametro
3. **Tesi (1)**: la corda AB è minore del diametro

Per quanto riguarda la seconda parte del teorema (Figura 8), consideriamo due corde AB e CD tali che la distanza OH della prima dal centro sia maggiore della distanza OK della

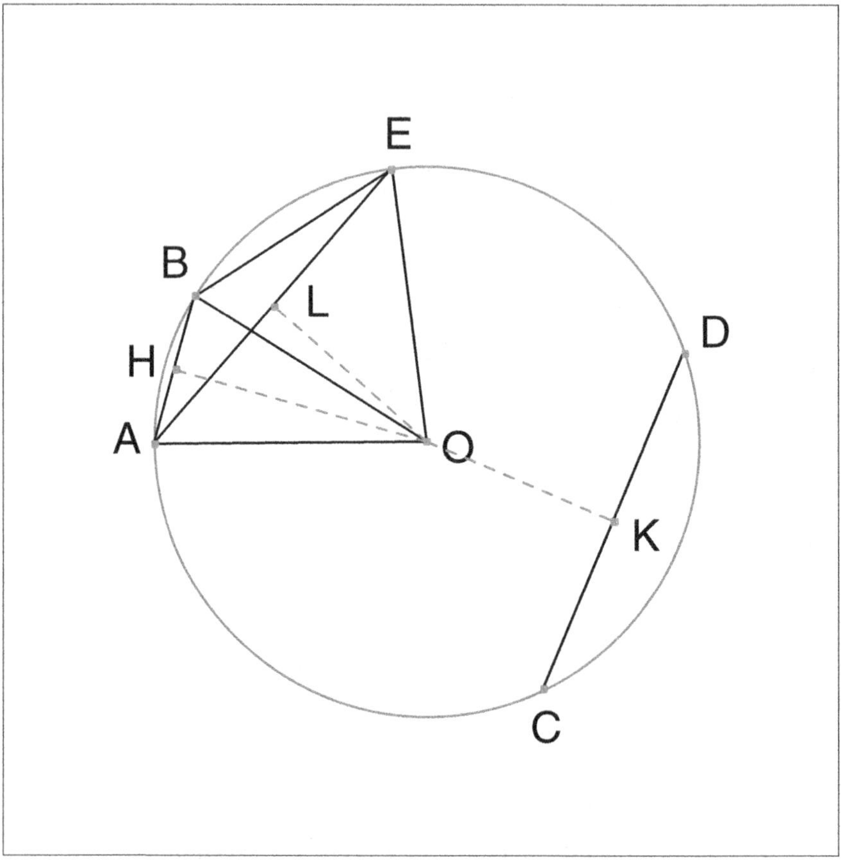

Figura 8: La corda più vicina al centro è maggiore della più lontana

seconda dal centro O. Per prima cosa tracciamo una corda AE di lunghezza pari a CD la cui distanza dal centro sia OL. Il teorema prima dimostrato sulle corde ugualmente distanti dal centro (proposizione III, 14) ci garantisce che $OL = OK$; potremo quindi sviluppare la dimostrazione facendo riferimento la corda AE anziché a CD. Essendo $BO = OE$ in quanto raggi, il triangolo BOE è isoscele; pertanto $B\hat{E}O = O\hat{B}E$. D'altro canto $A\hat{E}B < B\hat{E}O$ essendone una parte, mentre $A\hat{B}E > O\hat{B}E$ poiché il primo angolo è dato dalla somma del secondo con $A\hat{B}O$. Riassumendo: $A\hat{B}E > O\hat{B}E = O\hat{E}B > A\hat{E}B$. Se dunque prendiamo in considerazione il triangolo ABE, possiamo applicare il teorema che dice che ad angolo maggiore sta opposto lato maggiore e dedurre che $AE > AB$, e poiché era $AE = CD$, avremo infine $CD > AB$. Formalizziamo anche i passaggi della seconda parte della dimostrazione:

Ipotesi: La costruzione di Figura 8 in cui $OH > OK$ e $AE = CD$

1. $OL = OK$ (teorema precedente, ipotesi)
2. $BO = OE$ in quanto raggi (ipotesi)
3. $B\hat{E}O = O\hat{B}E$ (teorema del triangolo isoscele, 2)
4. $A\hat{E}B < B\hat{E}O$ (VIII nozione comune, ipotesi)
5. $A\hat{B}E = O\hat{B}E + A\hat{B}O$ (ipotesi)
6. $A\hat{B}E > O\hat{B}E$ (VIII nozione comune , 5)
7. $A\hat{B}E > A\hat{E}B$ (6, 3, 4)
8. $AE > AB$ (teorema triangolo con angoli disuguali, 7)
9. **Tesi (2):** $CD > AB$ (8, ipotesi)

1.5 Verifiche di comprensione

1. Quale libro degli *Elementi* è interamente dedicato alla circonferenza?
2. Come è definita la circonferenza?
3. Come è definito il cerchio?
4. Come è definito il raggio di una circonferenza?
5. Come è definita la corda di una circonferenza?
6. Come è definito il diametro di una circonferenza?
7. Quando due cerchi sono uguali?
8. Quando una retta è tangente a una circonferenza?
9. Quando una retta è secante a una circonferenza?

10. Quando due circonferenze sono tangenti tra loro?
11. Che cos'è il segmento circolare?
12. Che cos'è il settore circolare?
13. Quanti sono i settori circolari individuati su una circonferenza da una coppia di raggi?
14. Come sono definiti l'angolo al centro e l'angolo alla circonferenza?
15. Cosa dice la prima proposizione del terzo libro degli *Elementi*?
16. Illustra la costruzione per trovare il centro di un cerchio dato.
17. Dimostra la prima proposizione del terzo libro degli *Elementi*.
18. Quale corollario segue dalla costruzione espressa nella prima proposizione del terzo libro degli *Elementi*?
19. Che cos'è una figura convessa?
20. Come si chiama una figura non convessa?
21. Enuncia e dimostra il teorema che asserisce la convessità del cerchio.
22. Illustra la costruzione della circonferenza passante per tre punti non allineati.
23. Enuncia la decima proposizione del terzo libro degli *Elementi*.
24. Enuncia e dimostra il teorema sulla relazione tra una corda e il diametro ad essa perpendicolare.
25. Enuncia e dimostra il teorema riguardante le corde equidistanti dal centro.
26. Qual è la massima corda che si può tracciare in una circonferenza?
27. Enuncia e dimostra il teorema sulle corde diversamente distanti dal centro.

1.6 Problemi

1. Dimostra che due corde di una circonferenza che non siano diametri non possono mai dividersi scambievolmente per metà (*Suggerimento: unisci il centro della circonferenza con il punto di intersezione delle due corde e procedi per assurdo...*).
2. Dimostra che se da un punto interno a un cerchio si possono tracciare più di due segmenti aventi l'altro estremo sulla circonferenza, che siano uguali tra loro, quel punto è il centro del cerchio.
3. Dimostra che segmenti circolari posti su corde uguali di una stessa circonferenza sono uguali tra loro (*Suggerimento: porta le due corde a coincidere e procedi per assurdo supponendo che uno dei due archi intersechi l'altro...*).
4. Dimostra che gli archi compresi tra due corde parallele sono uguali.
5. Considera due rette perpendicolari r ed s che si incontrano in un punto P interno a una circonferenza di centro O. Le intersezioni di r ed s con la circonferenza siano rispettivamente A e B e C e D. Dimostra che la somma dei due archi AC e BD è una semicirconferenza (*Suggerimento: traccia i diametri paralleli a r e s e applica il risultato dimostrato nell'esercizio precedente...*).
6. Data una circonferenza considera un suo diametro, e dai suoi estremi traccia due corde tra loro parallele; dimostra che tali corde sono uguali.
7. Dimostra che una retta non può incontrare una circonferenza in più di due punti.
8. Considera una circonferenza di centro O, un suo diametro AB e una retta r che incontra AB in un punto interno alla circonferenza. Siano P e Q i punti in cui la retta r incontra la circonferenza, e C e D le proiezioni ortogonali rispettivamente di A e B su r. Dimo-

stra che $PC = QD$ (*Suggerimento: traccia il diametro perpendicolare alla retta r e considera i triangoli ABD e ADC...*).

9. Considera una circonferenza di centro O, un suo diametro AB e una retta r, secante la circonferenza, che incontra la retta di AB in un punto esterno alla circonferenza. Siano P e Q i punti in cui la retta r incontra la circonferenza, e C e D le proiezioni ortogonali rispettivamente di A e B su r. Dimostra che $PC = QD$(*Suggerimento: procedi in maniera analoga al precedente problema...*)
10. Due cerchi hanno lo stesso centro O ma raggi diversi. Sia r una retta che li interseca entrambi e che incontra il primo cerchio in A e B e il secondo in C e D. Dimostra che $AC = BD$.
11. In una circonferenza di centro O siano AB e CD due corde uguali che si incontrano in E. Dimostra che $O\hat{E}A = O\hat{E}D$ (*Suggerimento: traccia i due segmenti perpendicolari dal centro alle corde...*).
12. In una circonferenza di diametro AB sia CD una corda parallela ad AB. Dette H e K le proiezioni ortogonali di C e D rispettivamente su AB dimostra che $AH = BK$.
13. Sul diametro AB di una circonferenza di centro O prendiamo un generico punto P diverso da O. Dimostra che tra tutte le corde passanti per P quella perpendicolare ad AB ha lunghezza minima.
14. Date due circonferenze, una di centro A e l'altra di centro B, che si intersecano in C e D, traccia la retta r passante per C e parallela da AB, che incontra la prima circonferenza in E e C e la seconda in C e F. Dimostra che $EF = 2AB$ (*Suggerimento: traccia le perpendicolari alla retta AB passanti per E, C, F...*).
15. Sia AB una qualsiasi corda in una circonferenza di

centro O. Traccia la bisettrice dell'angolo $O\hat{A}B$ che incontra la circonferenza in A e D. Dimostra che OD è perpendicolare al diametro passante per il punto medio di AB.

16. Dimostra che la retta che unisce i centri di due circonferenze secanti è perpendicolare alla corda comune.
17. Date due circonferenze con lo stesso raggio, che si incontrano nei punti A e B, dimostra che una qualsiasi retta perpendicolare alla corda comune AB stacca sulle due circonferenze corde uguali (*Suggerimento: unisci i centri delle circonferenze con i punti medi delle corde...*).
18. In una circonferenza di centro O sia AB una qualsiasi corda. Prolunga AB di un segmento BC pari al raggio e, dopo aver tracciato la retta per C e O, indica con D il punto non appartenente al segmento OC in cui tale retta incontra la circonferenza. Dimostra che $A\hat{O}D = 3B\hat{C}O$ (*Suggerimento: ricorda che in un triangolo l'angolo esterno è uguale alla somma degli angoli interni non adiacenti e considera dapprima il triangolo OBC, poi il triangolo AOB e infine il triangolo AOC*).

LEZIONE 2

TANGENTI

2.1 Circonferenze tangenti tra loro

Poiché due circonferenze sono reciprocamente tangenti quando hanno un solo punto in comune, vi sono essenzialmente due modi in cui ciò può avvenire: una delle due è interamente contenuta nell'altra (in questo caso il raggio della circonferenza interna deve essere strettamente minore di quello della maggiore, e il suo centro deve essere interno ad essa); le due circonferenze sono una esterna all'altra (in questo caso non vi sono vincoli sui raggi, e il centro di una deve essere esterno all'altra). Analizzeremo quindi separatamente il caso di circonferenze tangenti internamente ed esternamente, iniziando dal primo caso.

2.1.1 Circonferenze tangenti internamente

La proprietà espressa nell'undicesima proposizione del terzo libro degli *Elementi* stabilisce il fatto che, in due circonferenze tangenti internamente, i due centri e il punto di contatto sono allineati. Vale cioè il seguente teorema:

> **Se due circonferenze sono tra loro tangenti internamente, il prolungamento del segmento che unisce i due centri passa per il punto di contatto delle circonferenze**

La dimostrazione procede per assurdo. Con riferimento alla Figura 9 consideriamo due circonferenze tangenti inter-

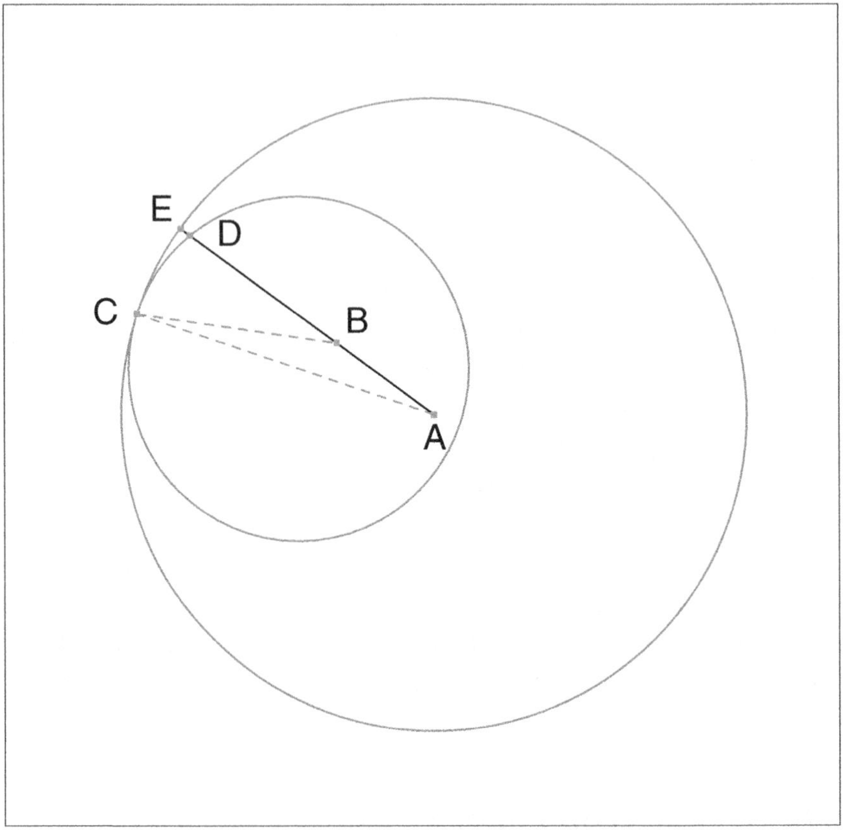

Figura 9: Circonferenze tangenti internamente

namente: la più grande di centro A, la più piccola di centro B; sia inoltre C il punto di contatto.

Supponiamo per assurdo che i punti A, B e C non siano allineati; potremo allora applicare la disuguaglianza triangolare al triangolo ABC e scrivere: $AB + CB > AC$.

D'altre parte $AC = AE$ in quanto entrambi sono raggi della circonferenza maggiore. Avremo quindi $AB + CB > AE$. Sottraendo AB a entrambi i membri della disuguaglianza si ha: $CB > AE - AB = BE$. Ma, essendo B il centro della circonferenza minore $CB = DB$ e quindi $BD > BE$, conclusione palesemente assurda in quanto il segmento BD è una parte di BE (ricordiamo che, in base all'ottava nozione comune, il tutto è maggiore della parte).

Formalizziamo i passaggi della dimostrazione:

Ipotesi: La costruzione di Figura 9; A è il centro della circonferenza maggiore e B quello della minore; inoltre C è il punto di contatto tra le due circonferenze

1. i punti A, B e C non sono allineati (tesi negata)
2. $AB + CB > AC$ (disuguaglianza triangolare, 1)
3. $CB > AC - AB$ (2)
4. $AC = AE$ in quanto raggi della circonferenza maggiore (ipotesi)
5. $CB > AE - AB$ (3, 4)
6. $AE - AB = BE$ (ipotesi)
7. $CB > BE$ (5, 6)
8. $CB = DB$ in quanto raggi della circonferenza minore (ipotesi)
9. $BD > BE$ (7, 8)
10. $BD < BE$ (ipotesi, VIII nozione comune)
11. contraddizione (9, 10)
12. **Tesi**: i punti A, B, C sono allineati (11)

2.1.2 Circonferenze tangenti esternamente

La stessa proprietà vista nel precedente teorema per le circonferenze tangenti internamente vale anche per le circonferenze tangenti esternamente, come stabilito dalla dodicesima proposizione del terzo libro:

Se due circonferenze sono tra loro tangenti esterna-

mente, la retta che congiunge i loro centri passerà per il punto di contatto

Supponiamo per assurdo che i centri A e B di due circonferenze tangenti esternamente e il loro punto di contatto C non siano allineati (Figura 10). Detti D ed E i punti in cui il segmento che ha per estremi i due centri incontra le circonferenze potremo scrivere tale segmento come somma di tre parti: $AB = AE + ED + DB$ da cui segue $AB > AE + DB$. Inoltre, applicando la disuguaglianza triangolare al triangolo ABC si ha: $AB < AC + CB$. Osserviamo che $AC = AE$ e $CB = DB$ in quanto raggi; pertanto: $AB > AC + CB$, da cui la contraddizione.

Formalizziamo i passaggi della dimostrazione:

Ipotesi: La costruzione di Figura 10; A e B sono i centri; inoltre C è il punto di contatto tra le due circonferenze

1. i punti A, B e C non sono allineati (tesi negata)
2. $AB = AE + ED + DB$ (1)
3. $AB > AE + DB$ (VII nozione comune, 2)
4. $AC = AE$ in quanto raggi di una stessa circonferenza (ipotesi)
5. $CB = DB$ in quanto raggi di una stessa circonferenza (ipotesi)
6. $AB > AC + CB$ (3, 4, 5)
7. $AB < AC + CB$ (disuguaglianza triangolare, 1)
8. contraddizione (6, 7)
9. **Tesi**: i punti A, B, C sono allineati (8)

2.2 Circonferenze e rette tangenti

La condizione per cui una retta e una circonferenza siano reciprocamente tangenti (abbiano cioè un solo punto in comune) è che la retta tangente e il raggio della circonferen-

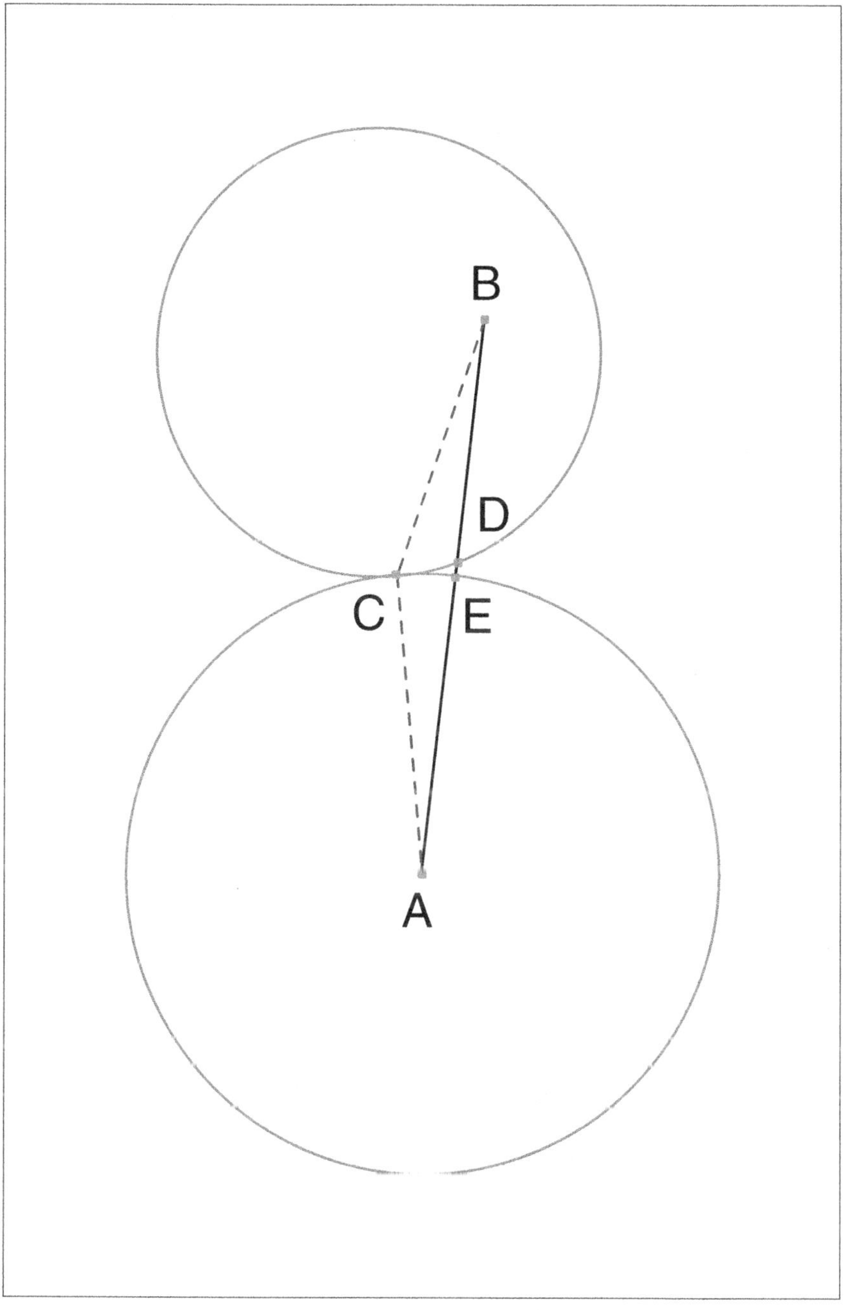

Figura 10: Circonferenze tangenti esternamente

za passante per il punto di contatto siano perpendicolari. La condizione diretta (la perpendicolare al raggio per un punto della circonferenza è ad essa tangente) e inversa (il raggio che passa per il punto di tangenza è perpendicolare alla tangente) vengono dimostrate rispettivamente nelle proposizioni 16 e 18 del III libro degli *Elementi*, mentre la proposizione 17 è la costruzione geometrica della retta tangente ala circonferenza per un punto ad essa esterno.

2.2.1 La retta perpendicolare al raggio è tangente

La proposizione 16 del III libro enuncia l'importante teorema:

> **In una circonferenza, una retta che sia tracciata perpendicolare al diametro partendo da un estremo di questo, cadrà esternamente alla circonferenza**

Nell'enunciato di questo teorema si parla del diametro anziché del raggio, ovviamente la distinzione è irrilevante. Osserviamo inoltre che "cadere esternamente" significa che la retta e la circonferenza non hanno punti in comune ad eccezione dell'estremo del diametro.

La dimostrazione procede per assurdo. Con riferimento alla Figura 11, supponiamo che la retta *r* – passante per l'estremo *B* del diametro *AB* a ad esso perpendicolare – non sia tangente, e quindi che incontri la circonferenza in un ulteriore punto *C*. Il triangolo *OCB* è isoscele (*OC* e *OB* sono uguali in quanto raggi), e quindi gli angoli in *B* e *C* devono essere uguali. Ma l'angolo in *B* è retto per ipotesi; ci troveremmo quindi ad avere un triangolo in cui due angoli sono retti, in contraddizione con il teorema sulla somma degli angoli interni di un triangolo.

Formalizziamo i passaggi della dimostrazione:

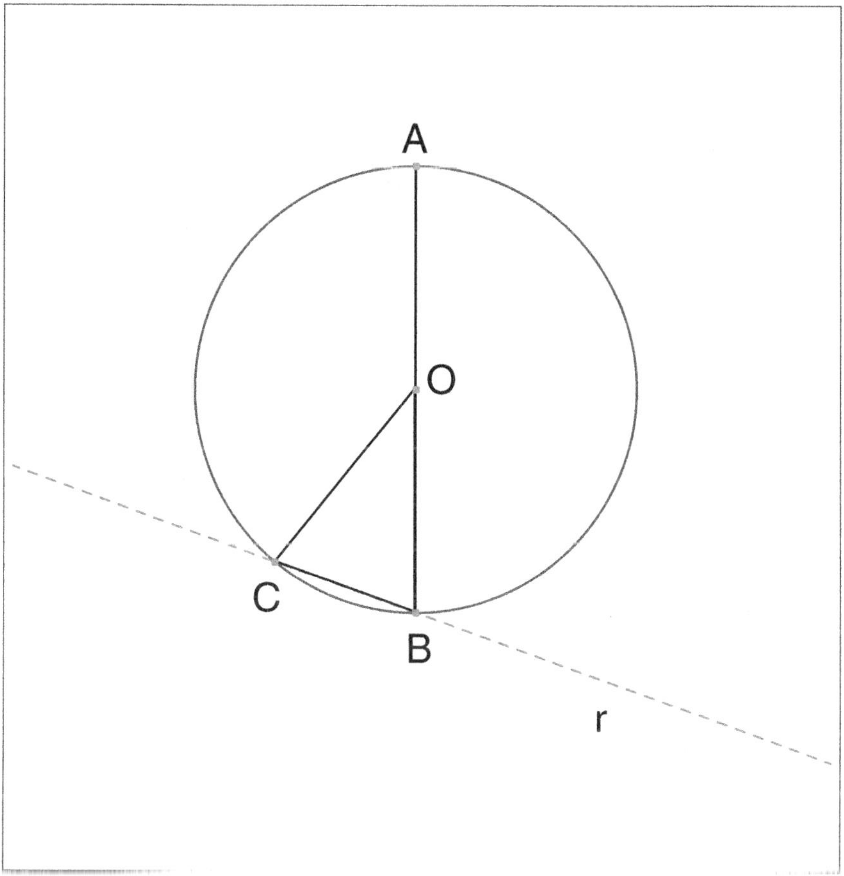

Figura 11: La retta perpendicolare al raggio è tangente

Ipotesi: La retta r è perpendicolare al diametro AB della circonferenza (Figura 11)

1. la retta incontra la circonferenza in un secondo punto: il punto C (tesi negata)
2. $OB = OC$ in quanto raggi (ipotesi)
3. $O\hat{B}C = O\hat{C}B$ (teorema del triangolo isoscele, 2)

4. $O\hat{B}C = \frac{\pi}{2}$ (ipotesi)
5. $O\hat{C}B = \frac{\pi}{2}$ (3, 4)
6. la somma degli angoli interni del triangolo OBC è uguale di un angolo piatto (teorema sulla somma degli angoli interni di un triangolo)
7. la somma degli angoli interni del triangolo OBC è maggiore di un angolo piatto (4, 5)
8. contraddizione (6, 7)
9. **Tesi**: la retta r è tangente alla circonferenza

2.2.2 La retta tangente è perpendicolare al raggio

La precedente proposizione può essere invertita; vale cioè il seguente teorema:

Se una retta è tangente ad una circonferenza, e si congiunge il centro col punto di contatto, la retta congiungente sarà perpendicolare alla tangente

Anche in questo caso procediamo per assurdo e, facendo riferimento alla Figura 12, supponiamo che la retta r, tangente alla circonferenza, non sia perpendicolare al segmento AO. Potremo allora tracciare per O un segmento OB perpendicolare a r. Si viene così a creare un triangolo AOB rettangolo in B. Poiché in un triangolo rettangolo l'angolo retto è il maggiore dei tre angoli e ad angolo maggiore sta opposto lato maggiore, sarà $AO > BO$. D'altra parte $AO = CO$ in quanto raggi e quindi $CO > BO$ in contraddizione con il fatto che CO è una parte di BO.

Formalizziamo i passaggi della dimostrazione:

Ipotesi: la retta r è tangente alla circonferenza (Figura 12)

1. la retta r non è perpendicolare al raggio OA, il

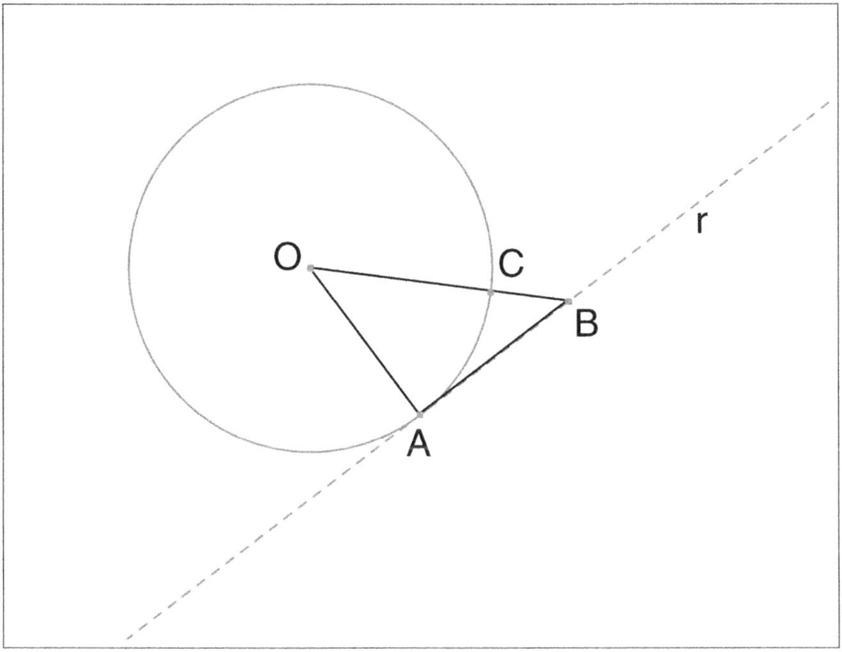

Figura 12: La retta tangente è perpendicolare al raggio

segmento OB che incontra la circonferenza in C è perpendicolare a r (tesi negata)

2. $O\hat{B}A = \frac{\pi}{2}$ (1)
3. $O\hat{A}B < \frac{\pi}{2}$ (teorema sulla somma degli angoli interni di un triangolo, 2)
4. $O\hat{A}B < O\hat{B}A$ (2, 3)
5. $OA > OB$ (teorema sui triangoli con angoli diversi, 4)
6. $AO = CO$ in quanto raggi (ipotesi)
7. $CO > OB$ (5, 6)
8. $CO < OB$ (VIII nozione comune, 1)
9. contraddizione (7, 8)
10. **Tesi**: la retta r è perpendicolare al raggio OA

2.2.3 Costruzione della retta tangente a una circonferenza per un punto esterno ad essa

Concludiamo questa sezione su rette e circonferenze tangenti illustrando la costruzione geometrica delle rette tangenti a una circonferenza data, passanti per un punto esterno ad essa, così come viene presentata nella proposizione 17 del III libro. Dalla costruzione risulta inoltre che tali tangenti devono essere sempre in numero di due.

Sia dunque O il centro della circonferenza e A un punto esterno ad essa per il quale vogliamo che passino le tangenti alla circonferenza (Figura 13). Il procedimento si sviluppa secondo i seguenti passaggi:

1. tracciare la circonferenza avente centro in O e passante per A
2. tracciare il segmento OA che incontra la prima circonferenza in B
3. da B tracciare la retta r perpendicolare a OA
4. siano C ed F i punti in cui tale retta incontra la seconda circonferenza
5. tracciare i due segmenti CO e FO che incontrano la prima circonferenza in D ed E rispettivamente
6. le rette s e t ottenute unendo A con D ed E rispettivamente, sono le due tangenti cercate.

Dimostriamo che le due rette individuate con questa costruzione sono effettivamente le tangenti cercate:

Ipotesi: la costruzione illustrata in Figura 13

1. $OB = OD$ in quanto raggi della prima circonferenza (ipotesi)
2. $OA = OC$ in quanto raggi della seconda circonferenza (ipotesi)

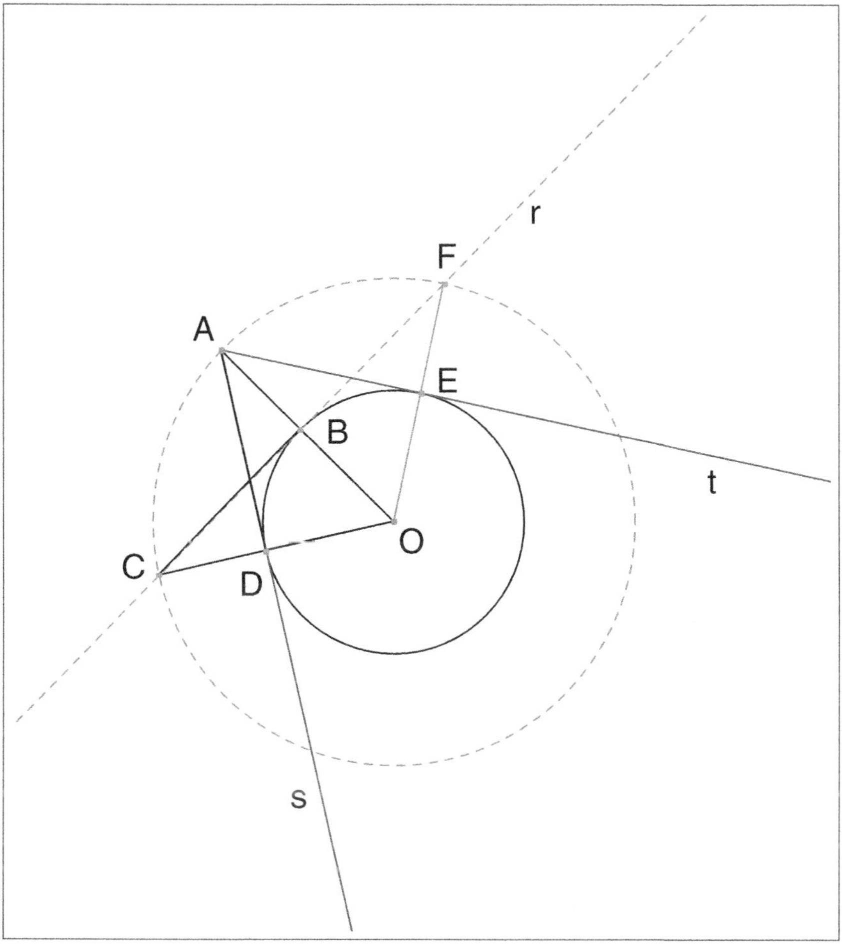

Figura 13: Costruzione delle tangenti a una circonferenza per un punto esterno

3. $C\hat{O}B = A\hat{O}D$ poiché sono lo stesso angolo
4. $CBO = ADO$ (primo criterio di uguaglianza dei triangoli, 1, 2, 3)
5. $A\hat{D}O = C\hat{B}O$ (E.C.T.U., 4)

6. $C\hat{B}O = \frac{\pi}{2}$ (ipotesi)
7. $A\hat{D}O = \frac{\pi}{2}$ (5, 6)
8. **Tesi**: la retta s è tangente (teorema sulla retta perpendicolare al raggio che è anche tangente, 7)

2.3 Verifiche di comprensione

1. Quando è che due circonferenze sono reciprocamente tangenti?
2. In quali modi due circonferenze possono essere reciprocamente tangenti?
3. Quale relazione deve sussistere tra le misure dei raggi di due circonferenze tangenti internamente?
4. Vi sono particolari relazioni che devono sussistere tra le misure dei raggi di due circonferenze tangenti esternamente?
5. Enuncia e dimostra il teorema relativo alle circonferenze tangenti internamente.
6. Enuncia e dimostra il teorema relativo alle circonferenze tangenti esternamente.
7. Che cosa significa che una retta e una circonferenza sono tangenti?
8. Quale condizione deve verificarsi affinché una retta e una circonferenza sia tangenti?
9. Enuncia e dimostra il teorema sulla perpendicolare al raggio per un punto della circonferenza che è anche tangente.
10. Enuncia e dimostra il teorema sulla tangente che è anche perpendicolare al raggio.
11. Quante tangenti di una circonferenza si possono tracciare per un punto esterno ad essa?
12. Illustra e dimostra la costruzione geometrica per trovare la tangenti ad una circonferenza passanti per un

punto esterno ad essa.

2.4 Problemi

1. Dato un punto P di una circonferenza di centro O costruisci la retta tangente alla circonferenza passante per P.
2. Dimostra che la perpendicolare a una tangente per il punto di contatto passa per il centro della circonferenza (*Suggerimento: procedi per assurdo...*).
3. Sia P un punto esterno a una circonferenza di centro O. Da P traccia le due tangenti alla circonferenza, che la toccano in A e B. Dimostra che i triangoli POA e POB sono uguali.
4. Sia P un punto esterno a una circonferenza di centro O. Da P traccia le due tangenti alla circonferenza, che la toccano in A e B. Prolunga il diametro passante per B di un tratto BC pari al raggio della circonferenza. Dimostra che $A\hat{P}C = 3B\hat{P}C$.
5. Dimostra che i centri delle circonferenze tangenti a due rette date appartengono alle bisettrici degli angoli formati dalle due rette.
6. Dimostra che le tre bisettrici degli angoli interni di un triangolo si incontrano in un punto (chiamato *incentro*), che è il centro della circonferenza inscritta nel triangolo.
7. Costruisci con riga e compasso la circonferenza di cui si conoscono due tangenti non parallele e il raggio.
8. Date due circonferenze tangenti esternamente, di centri rispettivamente O e O', sia t la tangente comune nel punto di contatto tra le circonferenze. Sia poi s una delle altre due tangenti comuni alle due circonferenze che incontra la prima in T e la seconda in T'

rispettivamente. Detto A il punto di incontro tra t e s, dimostra che A è il punto medio del segmento TT'.

9. Costruisci con riga e compasso le circonferenze di cui si conoscono due tangenti non parallele, r ed s, e un punto P appartenente alla bisettrice dell'angolo formato da r ed s.
10. Costruisci con riga e compasso la circonferenza di cui siano dati: una circonferenza ad essa tangente, il punto di contatto con quest'ultima, un ulteriore punto.
11. Costruisci con riga e compasso la circonferenza di cui siano date altre due circonferenze ad essa tangenti e tale che abbia il centro allineato con i centri di queste. Quanti possibili casi si possono avere?
12. Costruisci con riga e compasso la circonferenza di cui siano dati: una circonferenza ad essa tangente, il punto di contatto con quest'ultima, una retta tangente.
13. Date due circonferenze di centri P e Q, tangenti nel punto T, traccia una retta per T che incontri la prima circonferenza in A e la seconda in B. Dimostra che le rette PA e QB sono parallele. Considera separatamente i due casi di circonferenze tangenti internamente ed esternamente.
14. Data una circonferenza di centro O e un punto P tale che OP sia il doppio del raggio traccia le due tangenti da P che incontrano la circonferenza in A e B. Dimostra che il triangolo APB è equilatero. (*Suggerimento: prolunga OA di un tratto AC uguale al raggio e considera il triangolo OCP...*).
15. Date due circonferenze concentriche e un punto P esterno a entrambe, traccia da P le tangenti a entrambe le circonferenze. Siano A e B i punti di tangenza della prima circonferenza e C e D quelli della seconda. Dimostra che il quadrilatero $ABDC$ è un trapezio

isoscele.

16. Sia ABC un triangolo rettangolo in A. Dimostra che il diametro del cerchio inscritto è dato da $AC + AB - BC$. (*Suggerimento: il quadrilatero che ha per vertici A, il centro del cerchio inscritto e i due punti in cui tale cerchio tocca i cateti è...*).
17. Dato un triangolo ABC sia D un punto sul prolungamento di BC dalla parte di C ed E un punto sul prolungamento di AB dalla parte di A. Sia poi F l'intersezione tra la bisettrice di $A\hat{B}C$ e quella di $A\hat{C}D$. Dimostra che la circonferenza di centro F e tangente ad AC è anche tangente alle semirette CD e AE.
18. Dato il triangolo ABC rettangolo in C, considera la circonferenza di centro C tangente all'ipotenusa AB in T. Dai punti A e B traccia poi le ulteriori tangenti che incontrano la circonferenza in D ed E rispettivamente. Dimostra che DE è un diametro. Che tipo di quadrilatero è $ABED$?
19. Sia ABC un triangolo isoscele di base AB. Sul prolungamento del lato CB dalla parte di B prendi un punto O tale che sia il centro della circonferenza tangente in A alla semiretta CA. Prolunga poi la base AB del triangolo fino ad incontrare la circonferenza in D. Dimostra che il raggio OD e la semiretta CB sono perpendicolari (*Suggerimento: prendi in considerazione i triangoli ABC e AOD...*).
20. Costruisci con riga e compasso le circonferenze di cui si conosca: un punto P, il raggio e una circonferenza tangente (considera i due casi di circonferenza tangente internamente ed esternamente). Quante sono tali circonferenze? (*Suggerimento: la distanza di P dal centro della circonferenza cercata è..., la distanza tra il centro della circonferenza tangente e quello della circonferenza cercata*

è...).

LEZIONE 3

ANGOLI AL CENTRO E ANGOLI ALLA CIRCONFERENZA

3.1 Angoli in una circonferenza

La proprietà illustrata dalle proposizioni 20, 21 e 32 del terzo libro degli *Elementi* si riferisce a una delle caratteristiche più notevoli della circonferenza. Essa infatti mette in relazione l'unico angolo al centro che insiste su un determinato arco con i molteplici angoli alla circonferenza che insistono sul medesimo arco. Poiché tale relazione non dipende dalla posizione del vertice dell'angolo alla circonferenza, possiamo dedurre l'importante conseguenza che tutti gli angoli alla circonferenza che insistono sul medesimo arco sono uguali (avendo la stessa relazione con un unico angolo al centro).

3.1.1 Il teorema dell'angolo al centro

La relazione tra l'angolo al centro e un qualsiasi angolo alla circonferenza che insiste sul medesimo arco è semplicemente che il primo è doppio del secondo. Vale cioè il seguente teorema:

> **In un cerchio, l'angolo al centro è il doppio dell'angolo alla circonferenza quando essi abbiano lo stesso arco come base**

Per la dimostrazione consideriamo separatamente il caso in cui l'angolo alla circonferenza $A\hat{C}B$, relativo all'angolo al centro $A\hat{O}B$, contenga il centro O oppure no (Figura 14). Supponiamo dapprima che il centro O sia interno all'angolo $A\hat{C}B$ (cerchio di sinistra nella Figura 14). Tracciamo il diametro CD e consideriamo il triangolo AOC, isoscele sulla base AC essendo $AO = CO$ in quanto raggi. $A\hat{O}D$ è angolo esterno nel triangolo AOC ed è quindi uguale alla somma degli angoli interni non adiacenti: $A\hat{O}D = A\hat{C}O + C\hat{A}O = 2A\hat{C}O$, poiché gli angoli alla base del triangolo isoscele sono uguali. Consideriamo ora il triangolo isoscele COB e ripetiamo lo stesso ragionamento basato sul teorema dell'angolo esterno somma degli angoli interni non adiacenti ottenendo: $B\hat{O}D = 2B\hat{C}O$. Sommando le due uguaglianze termine a termine troviamo infine $A\hat{O}B = 2A\hat{C}B$, che è la nostra tesi. Formalizziamo i passaggi di questa prima parte della dimostrazione:

Ipotesi: L'angolo alla circonferenza $A\hat{C}B$ e l'angolo al centro $A\hat{O}B$ insistono sul medesimo arco AB; il centro della circonferenza è interno a $A\hat{C}B$

1. $A\hat{O}D = A\hat{C}O + C\hat{A}O$ (teorema dell'angolo esterno somma degli angoli interni non adiacenti, ipotesi)
2. $OC = OA$ in quanto raggi (ipotesi)
3. $A\hat{C}O = C\hat{A}O$ (teorema del triangolo isoscele, 2)
4. $A\hat{O}D = 2A\hat{C}O$ (1, 3)
5. $B\hat{O}D = B\hat{C}O + C\hat{B}O$ (teorema dell'angolo esterno somma degli angoli interni non adiacenti, ipotesi)
6. $OC = OB$ in quanto raggi (ipotesi)
7. $B\hat{C}O = C\hat{B}O$ (teorema del triangolo isoscele, 6)
8. $B\hat{O}D = 2B\hat{C}O$ (5, 7)
9. **Tesi**: $A\hat{O}B = 2A\hat{C}B$ (somme di cose uguali sono uguali, 4, 8)

Passiamo ora al caso in cui il centro non sia contenuto

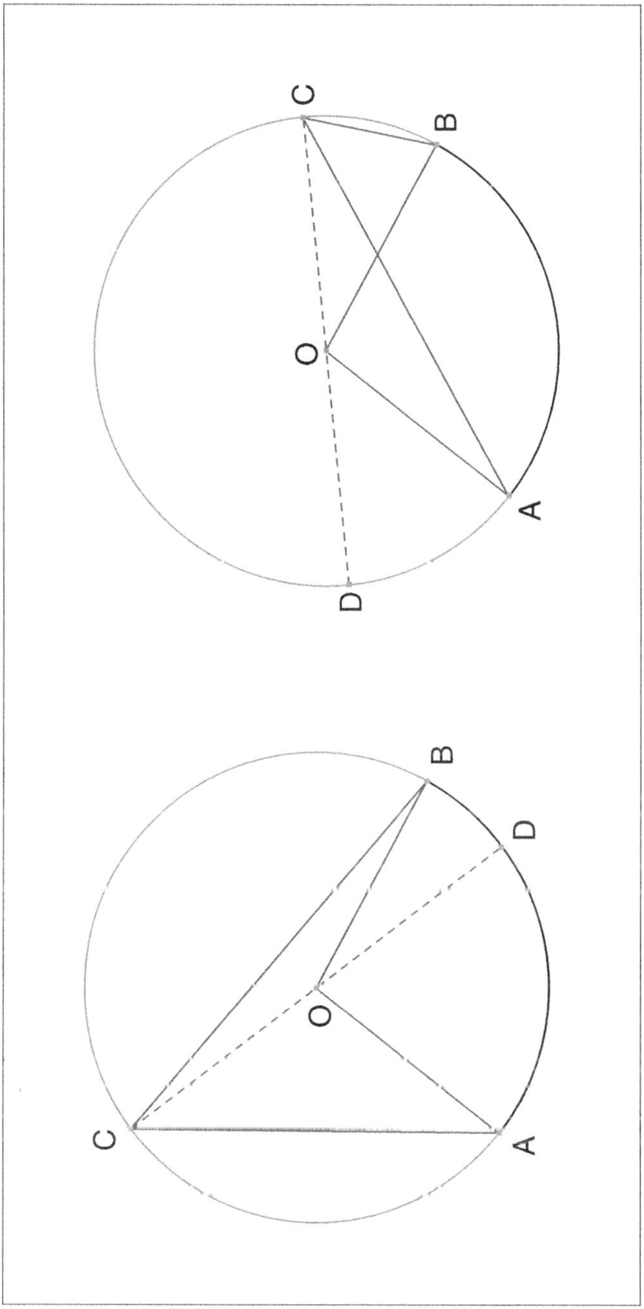

Figura 14: Il teorema dell'angolo al centro nei due casi di centro contenuto o meno nell'angolo alla circonferenza

nell'angolo alla circonferenza (cerchio di destra nella Figura 14). Anche in questo caso tracciamo il diametro CD e consideriamo il triangolo AOC, isoscele sulla base AC essendo $AO = CO$ in quanto raggi. $A\hat{O}D$ è angolo esterno nel triangolo AOC ed è quindi uguale alla somma degli angoli interni non adiacenti: $A\hat{O}D = A\hat{C}O + C\hat{A}O = 2A\hat{C}O$, poiché gli angoli alla base del triangolo isoscele sono uguali. Passiamo ora al triangolo isoscele COB e ripetiamo lo stesso ragionamento basato sul teorema dell'angolo esterno somma degli angoli interni non adiacenti ottenendo: $B\hat{O}D = 2B\hat{C}O$.

Diversamente dal caso precedente, adesso l'angolo al centro e quello alla circonferenza sono dati dalla differenza tra $B\hat{O}D$ e $A\hat{O}D$, e tra $B\hat{C}O$ e $A\hat{C}O$ rispettivamente. Tuttavia, poiché differenze di cose uguali sono uguali, avremo ancora $A\hat{O}B = 2A\hat{C}B$. Formalizziamo i passaggi di questa seconda parte della dimostrazione:

Ipotesi: L'angolo alla circonferenza $A\hat{C}B$ e l'angolo al centro $A\hat{O}B$ insistono sul medesimo arco AB; il centro della circonferenza è esterno a $A\hat{C}B$

1. $A\hat{O}D = A\hat{C}O + C\hat{A}O$ (teorema dell'angolo esterno somma degli angoli interni non adiacenti, ipotesi)
2. $OC = OA$ in quanto raggi (ipotesi)
3. $A\hat{C}O = C\hat{A}O$ (teorema del triangolo isoscele, 2)
4. $A\hat{O}D = 2A\hat{C}O$ (1, 3)
5. $B\hat{O}D = B\hat{C}O + C\hat{B}O$ (teorema dell'angolo esterno somma degli angoli interni non adiacenti, ipotesi)
6. $OC = OB$ in quanto raggi (ipotesi)
7. $B\hat{C}O = C\hat{B}O$ (teorema del triangolo isoscele, 6)
8. $B\hat{O}D = 2B\hat{C}O$ (5, 7)
9. **Tesi**: $A\hat{O}B = 2A\hat{C}B$ (differenze di cose uguali sono

uguali, 4, 8)

Osserviamo che nel primo e nel secondo caso tutti i passaggi della dimostrazione sono esattamente uguali tranne l'ultimo, che richiede una somma quando il centro è interno all'angolo alla circonferenza e una differenza quando invece è esterno.

3.1.2 Un importante corollario

Dal fatto che l'angolo al centro sia uguale al doppio dell'angolo alla circonferenza che insiste sul medesimo arco, indipendentemente dal punto della circonferenza in cui si trova il vertice di quest'ultimo segue (proposizione 21 del III libro) il corollario:

In un cerchio, angoli alla circonferenza che insistono sul medesimo arco sono uguali tra loro

Se infatti l'angolo al centro è doppio dell'angolo alla circonferenza indipendentemente da dove quest'ultimo ha il vertice, due angoli alla circonferenza che insistono sul medesimo arco saranno uguali in quanto entrambi la metà dello stesso angolo al centro.

3.2 Il triangolo inscritto in un semicerchio

Tra tutti i possibili triangoli inscritti in una circonferenza consideriamo quelli in cui un lato coincide con un diametro (Figura 15): indipendentemente dalla posizione del vertice B un tale triangolo è sempre rettangolo. Vale cioè il seguente teorema:

In un cerchio, l'angolo alla circonferenza inscritto in un semicerchio è retto

È possibile derivare questo risultato come un semplice corollario del teorema dell'angolo al centro; infatti $A\hat{B}C$ è un angolo alla circonferenza che insiste sul medesimo arco dell'angolo al centro piatto $A\hat{O}C$ (che è appunto una semicirconferenza).

Tuttavia negli *Elementi* viene data di questo teorema – che costituisce la prima parte della proposizione 31 del terzo libro – una dimostrazione più elegante che non fa riferimento al teorema dell'angolo al centro e che è basata unicamente su proprietà elementari dei triangoli. Vediamo quindi la dimostrazione originale di Euclide.

Con riferimento alla Figura 15, avendo prolungato il lato AB oltre B osserviamo che l'angolo $C\hat{B}D$ è uguale alla somma degli angoli interni nel triangolo ABC ad esso non adiacenti: $C\hat{B}D = B\hat{A}C + A\hat{C}B$. Consideriamo poi il triangolo AOB, essendo $AO = OB$ in quanto raggi esso è isoscele; si ha quindi $B\hat{A}O = O\hat{B}A$. Analogamente, poiché anche BOC è un triangolo isoscele, avremo $O\hat{B}C = B\hat{C}O$. Ora, essendo $A\hat{B}C = A\hat{B}O + O\hat{B}C$, si ha che gli angoli $C\hat{B}D$ e $A\hat{B}C$ sono uguali in quanto somma di angoli uguali, e poiché insieme formano l'angolo piatto $A\hat{B}D$, sono entrambi retti. Formalizziamo i passaggi della dimostrazione:

Ipotesi: La costruzione della Figura 15, il lato AC del triangolo ABC è un diametro della circonferenza circoscritta

1. $C\hat{B}D = B\hat{A}C + A\hat{C}B$ (teorema dell'angolo esterno somma degli angoli interni non adiacenti, ipotesi)
2. $AO = OB$ in quanto raggi (ipotesi)
3. $B\hat{A}O = O\hat{B}A$ (teorema del triangolo isoscele, 2)

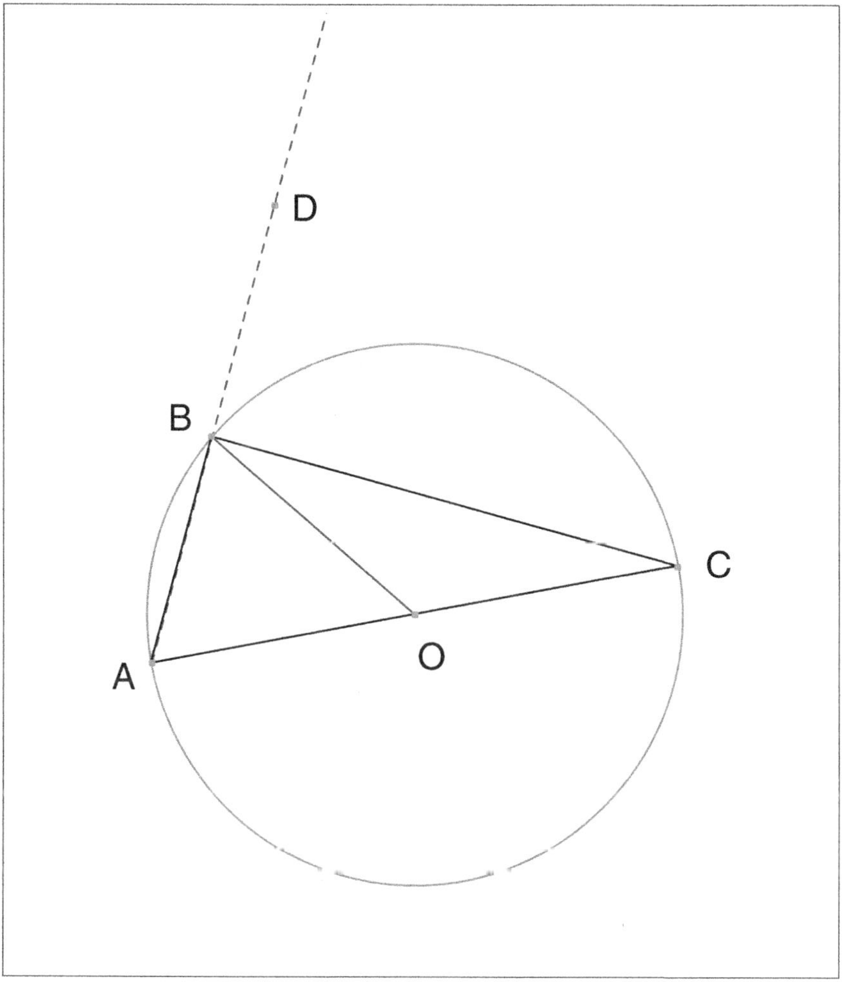

Figura 15: Triangolo inscritto in un semicerchio

4. $CO = OB$ in quanto raggi (ipotesi)
5. $O\hat{B}C = B\hat{C}O$ (teorema del triangolo isoscele, 4)
6. $A\hat{B}C = A\hat{B}O + O\hat{B}C$ (ipotesi)
7. $C\hat{B}D = A\hat{B}C$ (1, 6, 3, 5)

8. $A\hat{B}C + C\hat{B}D = \pi$ (ipotesi)
9. **Tesi**: $A\hat{B}C = C\hat{B}D = \frac{\pi}{2}$ (7, 8)

3.3 L'angolo tra la tangente e la secante

Il corollario del teorema dell'angolo al centro secondo cui tutti gli angoli alla circonferenza sono uguali, prevede un caso notevole caso particolare: quello in cui uno dei due lati dell'angolo sia tangente alla circonferenza, il vertice dell'angolo sia il punto di tangenza e l'altro lato sia secante alla circonferenza, come ad esempio l'angolo $E\hat{A}B$ di Figura 16. A prima vista può non risultare evidente che tale angolo sia un angolo alla circonferenza. Per convincersi intuitivamente di ciò consideriamo l'angolo alla circonferenza $A\hat{D}B$ che insiste sull'arco AB e supponiamo che il vertice D "si muova" sulla circonferenza avvicinandosi al punto A; la retta a cui appartiene la corda DA tenderà a divenire tangente, l'angolo $E\hat{A}B$ potrà dunque essere visto come un caso limite di $A\hat{D}B$ in cui i punti D e A sono portati a coincidere.

Un simile ragionamento ricorda più i concetti del moderno calcolo infinitesimale che quelli della geometria classica, e infatti Euclide non afferma mai che l'angolo tra la tangente e la secante sia un particolare angolo alla circonferenza. Egli si limita a dimostrare (proposizione 32 del terzo libro) che l'angolo $E\hat{A}B$ tra la tangente e la secante è uguale a un qualsiasi angolo alla circonferenza che insiste sull'arco AB.

Se una retta è tangente ad un cerchio, e dal punto di contatto si conduce nel cerchio un'altra retta che lo venga a tagliare, gli angoli che essa forma con la tangente saranno uguali agli angoli alla circonferenza inscritti nei segmenti alterni del cerchio

Si noti che nell'enunciato di questa proposizione si parla

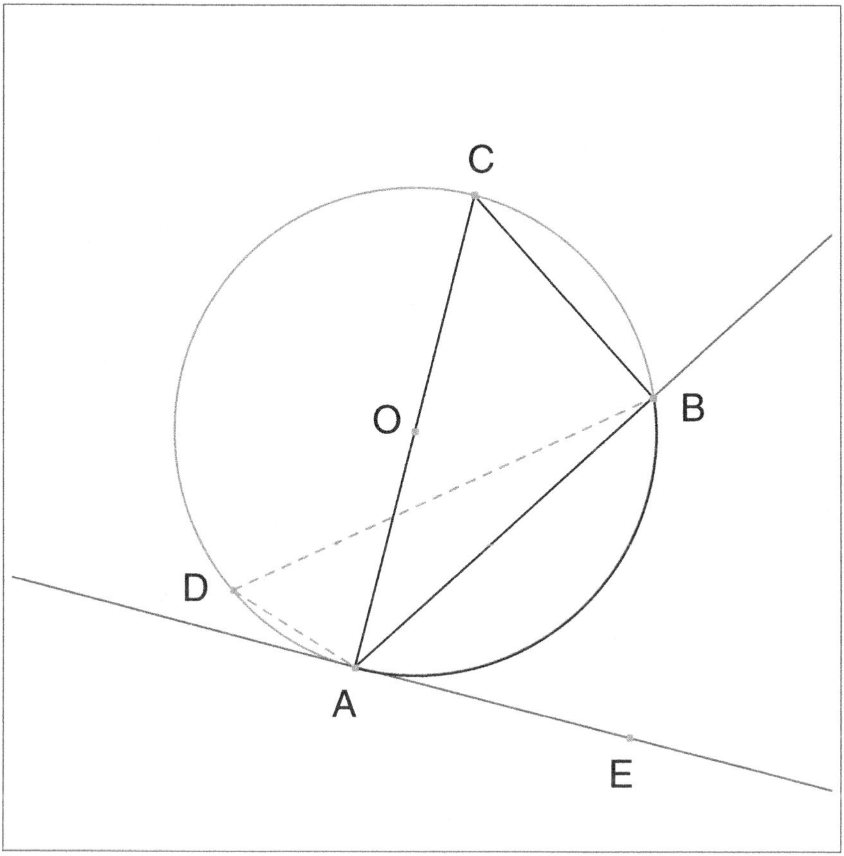

Figura 16: L'angolo tra la tangente e la secante

degli angoli (al plurale) e non dell'angolo tra la tangente e la secante; in effetti oltre a $E\hat{A}B$ vi è il suo supplementare, che è uguale agli angoli alla circonferenza che insistono sul maggiore degli archi AB.

Per la dimostrazione consideriamo un particolare angolo alla circonferenza che insiste sull'arco AB, e precisamente l'angolo $A\hat{C}B$ in cui il lato AC è un diametro. Il triangolo ABC risulta pertanto rettangolo in B secondo il teorema precedentemente dimostrato. Poiché la somma degli angoli interni di un triangolo è un angolo piatto $A\hat{C}B + C\hat{A}B = \frac{\pi}{2}$. D'altra parte è stato anche dimostrato che la tangente e il diametro passante per il punto di tangenza sono perpendicolari, cosicché $C\hat{A}E$ è un angolo retto. Potremo dunque scrivere che $C\hat{A}B + B\hat{A}E = \frac{\pi}{2}$. Confrontando le due relazioni si ottiene immediatamente $B\hat{A}E = A\hat{C}B$, che è la nostra tesi. Formalizziamo i passaggi della dimostrazione:

Ipotesi: La retta AE è tangente alla circonferenza, AC è un diametro

1. $A\hat{B}C = \frac{\pi}{2}$ (teorema sul triangolo inscritto in un semicerchio, ipotesi)
2. $A\hat{C}B + C\hat{A}B = \frac{\pi}{2}$ (teorema sulla somma degli angoli interni di un triangolo, 1)
3. $C\hat{A}E = \frac{\pi}{2}$ (teorema sulla tangente perpendicolare al raggio, ipotesi)
4. $C\hat{A}B + B\hat{A}E = \frac{\pi}{2}$ (3)
5. **Tesi**: $B\hat{A}E = A\hat{C}B$ (2, 4)

3.4 Verifiche di comprensione

1. Definisci l'angolo al centro e l'angolo alla circonferenza.
2. Enuncia il teorema dell'angolo al centro.
3. Dimostra il teorema dell'angolo al centro nel caso in cui il centro è interno all'angolo alla circonferenza.
4. Dimostra il teorema dell'angolo al centro nel caso in cui il centro è esterno all'angolo alla circonferenza.
5. In cosa differiscono le dimostrazioni del teorema dell'angolo al centro nei due casi di centro interno ed esterno all'angolo alla circonferenza?
6. Quale importante corollario possiamo dedurre dal teorema dell'angolo al centro?

7. Enuncia il teorema del triangolo inscritto in un semicerchio.
8. Come si potrebbe dedurre il teorema del triangolo inscritto in un semicerchio dal teorema dell'angolo al centro?
9. Come dimostra Euclide il teorema del triangolo inscritto in un semicerchio?
10. Enuncia il teorema dell'angolo tra tangente e secante.
11. Come si potrebbe dedurre il teorema dell'angolo tra tangente e secante dal teorema dell'angolo al centro?
12. Come dimostra Euclide il teorema dell'angolo tra tangente e secante?

3.5 Problemi

1. Sia AB il diametro di una circonferenza di centro O e AC una sua corda, sia inoltre D il punto di intersezione tra la tangente alla circonferenza per C e quella per B. Dimostra che OD e AC sono parallele.
2. Date due circonferenze tangenti esternamente, di centri rispettivamente O e O', sia t la tangente comune nel punto di contatto tra le circonferenze. Costruisci con riga e compasso le altre due rette tangenti comuni alle due circonferenze (*Suggerimento: detto A il punto in cui una delle due tangenti incontra la t, quanto misura l'angolo* $O\hat{A}O'$*?...*).
3. Dimostra la proposizione inversa del teorema del triangolo inscritto in un semicerchio, vale a dire: dato un triangolo ABC rettangolo in B, la circonferenza passante per i tre vertici ha AC come diametro (*Suggerimento: procedi per assurdo considerando il triangolo che ha per vertici A, C e il punto in cui uno dei due cateti – o il suo prolungamento – incontra la circonferenza di diametro*

AC...).

4. Dato un triangolo isoscele ABC di base AB traccia la circonferenza avente il centro O sul prolungamento del lato CB e che sia tangente ad AC nel punto A. Indicata con D l'ulteriore intersezione della retta AB con la circonferenza, dimostra che l'angolo $C\hat{O}D$ è retto.
5. Sia $A\hat{C}B$ l'angolo alla circonferenza che insiste su un arco AB e sia D il punto in cui la bisettrice di tale angolo incontra la circonferenza. Dimostra che i due archi AD e DB sono uguali.
6. Date due circonferenze tra loro tangenti traccia per il punto di contatto una retta secante ad entrambe che incontra la prima circonferenza in A e la seconda in B. Dimostra – considerando separatamente il caso di circonferenze tangenti internamente ed esternamente – che la tangente in A alla prima circonferenza e la tangente in B alla seconda sono tra loro parallele.
7. Da un punto A esterno a una circonferenza traccia due secanti, la prima che incontra la circonferenza in B e C (con B interno ad AC) e la seconda che incontra la circonferenza in D ed E (con D interno a AE). Dimostra che $A\hat{B}D = A\hat{E}C$.
8. Sono date due circonferenze secanti che si incontrano nei punti A e B. Traccia il diametro AC nella prima circonferenza e AD nella seconda. Le due circonferenze sono poste in modo tale che C e D si trovino dalla stessa parte rispetto alla retta AB. Dimostra che i punti B, C e D sono allineati.
9. Sono date due circonferenze secanti che si incontrano nei punti A e B. Traccia il diametro AC nella prima circonferenza e AD nella seconda. Le due circonferenze sono poste in modo tale che C e D si trovino da parti

opposte rispetto alla retta AB. Dimostra che i punti B, C e D sono allineati.

10. Sono date due circonferenze tangenti internamente; sia A il punto di contatto e B l'altro estremo del diametro che, nella circonferenza maggiore, passa per A. Traccia poi una corda BD della circonferenza maggiore, tangente in C alla circonferenza minore. Dimostra che la semiretta AC è la bisettrice dell'angolo $B\hat{A}D$ (*Suggerimento: detto E l'ulteriore punto in cui AB incontra la circonferenza minore, considera i triangoli ACE e ACD...*).
11. Sull'arco AB di una circonferenza di centro O prendi due punti qualsiasi C e D. Sulla semiretta AC fissa un punto E esterno alla circonferenza tale che $CE = CB$ e, similmente, sulla semiretta AD fissa un punto F esterno alla circonferenza tale che $DF = DB$. Dimostra che $C\hat{E}B = D\hat{F}B$.
12. Date due circonferenze tangenti internamente, sia T il punto di contatto tra di esse. Da T traccia una semiretta che incontri la circonferenza maggiore in A e la minore in B. Sia C l'altro estremo del diametro della circonferenza maggiore passante per A, e D l'altro estremo del diametro della circonferenza minore passante per B. Dimostra che i punti C, D e T sono allineati (*Suggerimento: dopo aver mostrato che $T\hat{C}A = T\hat{D}B$ procedi per assurdo ipotizzando che TD incontri la retta AC in un punto diverso da C...*).
13. Da un punto C dell'arco AB di una circonferenza traccia la bisettrice dell'angolo $A\hat{C}B$, che incontra la circonferenza nell'ulteriore punto D. Successivamente, traccia la corda DE parallela ad AC. Dimostra che le corde CB e DE sono uguali.
14. Data una corda AB di una circonferenza traccia la

tangente in A e su questa un punto C in modo che $AC = AB$ e che – detto D il punto in cui la retta CB incontra la circonferenza – D sia compreso tra C e B. Dimostra che $DC = DA$.

15. Dati due diametri AB e CD in un cerchio, traccia da C la perpendicolare ad AB che incontra la circonferenza in P. Dimostra che DP è parallela ad AB.

LEZIONE 4

POLIGONI INSCRITTI E CIRCOSCRITTI A UNA CIRCONFERENZA

4.1 Definizioni

Una parte del terzo libro e tutto il quarto libro degli *Elementi* sono dedicati ai poligoni inscritti e circoscritti a una circonferenza. In particolare le definizioni III e IV del quarto libro degli *Elementi* recitano:

> **Si dice che un poligono è inscritto in un cerchio quando il vertice di ciascun angolo della figura inscritta si trova sulla circonferenza del cerchio** (def. III);

> **Si dice che un poligono è circoscritto ad un cerchio quando ciascun lato della figura circoscritta è tangente alla circonferenza del cerchio** (def. IV).

Corrispondentemente, si dirà che una circonferenza è circoscritta al poligono in essa inscritto e inscritta nel poligono ad essa circoscritto.

C'è da dire che, in generale, un poligono qualsiasi non sarà inscrivibile o circoscrivibile a una circonferenza, per tale motivo vengono dimostrate una serie di proposizioni che indicano le condizioni sotto cui un poligono gode di questa proprietà.

4.1.1 Poligoni regolari

Una classe importante di poligoni sono i cosiddetti *poligoni regolari*, caratterizzati dal fatto di essere equilateri ed equiangoli (cioè di avere tutti i lati e tutti gli angoli uguali). Così, ad esempio, il poligono regolare di tre lati è il triangolo equilatero, quello di quattro lati è il quadrato, ecc.. Si può facilmente mostrare che ogni poligono regolare è sempre inscrivibile e circoscrivibile – sebbene Euclide dimostri tale proprietà solo per alcuni particolari poligoni – e che il cerchio inscritto e circoscritto sono concentrici.

Per i poligoni regolari definiamo: **centro del poligono** il centro comune del cerchio inscritto e di quello circoscritto; **raggio del poligono** il raggio del cerchio circoscritto; **apotema del poligono** il raggio del cerchio inscritto. Ricordiamo infine che la somma degli angoli interni di un poligono di n lati è (n-2) volte un angolo piatto, per cui ciascun angolo interno di un poligono regolare di n vale $\frac{(n-2)\pi}{n}$.

4.2 Triangoli

Un triangolo è sempre inscrivibile e circoscrivibile. Per vedere che qualsiasi triangolo è inscrivibile in un cerchio basta ricordare la costruzione della circonferenza per tre punti non allineati (il centro è dato dall'intersezione degli assi dei lati). Analogamente, ricordando che la bisettrice di un angolo è il luogo geometrico dei punti equidistanti dai lati, è facile vedere che il centro del cerchio inscritto in un qualsiasi triangolo si trova nell'intersezione delle bisettrici dei suoi angoli.

4.2.1 Inscrivere in un cerchio dato un triangolo di angoli assegnati

Supponiamo ora che sia dato un cerchio e un triangolo e che si voglia trovare il triangolo che sia inscritto nel cerchio o quello ad esso circoscritto e che abbia gli stessi angoli del triangolo dato. Questi due problemi vengono discussi nelle proposizioni rispettivamente 2 e 3 del quarto libro degli *Elementi*. Partiamo dal triangolo inscritto, la cui costruzione è illustrata nel seguente teorema:

Inscrivere in un cerchio dato un triangolo equiangolo rispetto ad un triangolo dato

Facendo riferimento alla Figura 17, si voglia inscrivere nel cerchio di centro O un triangolo equiangolo al triangolo dato ABC. La costruzione avviene secondo i seguenti passaggi:

1. per un punto D qualsiasi della circonferenza tracciamo la retta tangente (cioè la perpendicolare per D al raggio OD)
2. si costruisce una semiretta con origine in D che intersechi la circonferenza in F e tale che $E\hat{D}F = B\hat{A}C$
3. si costruisce una semiretta con origine in D che intersechi la circonferenza in H e tale che $G\hat{D}H = A\hat{B}C$
4. $D\hat{H}F = E\hat{D}F$ (teorema dell'angolo tra la tangente e la secante)
5. $D\hat{F}H = G\hat{D}H$(teorema dell'angolo tra la tangente e la secante)
6. $D\hat{H}F = B\hat{A}C$ (2, 4)
7. $D\hat{F}H = A\hat{B}C$ (3, 5)
8. $F\hat{D}H = B\hat{C}A$ (la somma degli angoli interni di un triangolo è uguale ad un angolo piatto)
9. i triangoli ABC e FDH sono equiangoli (6, 7, 8).

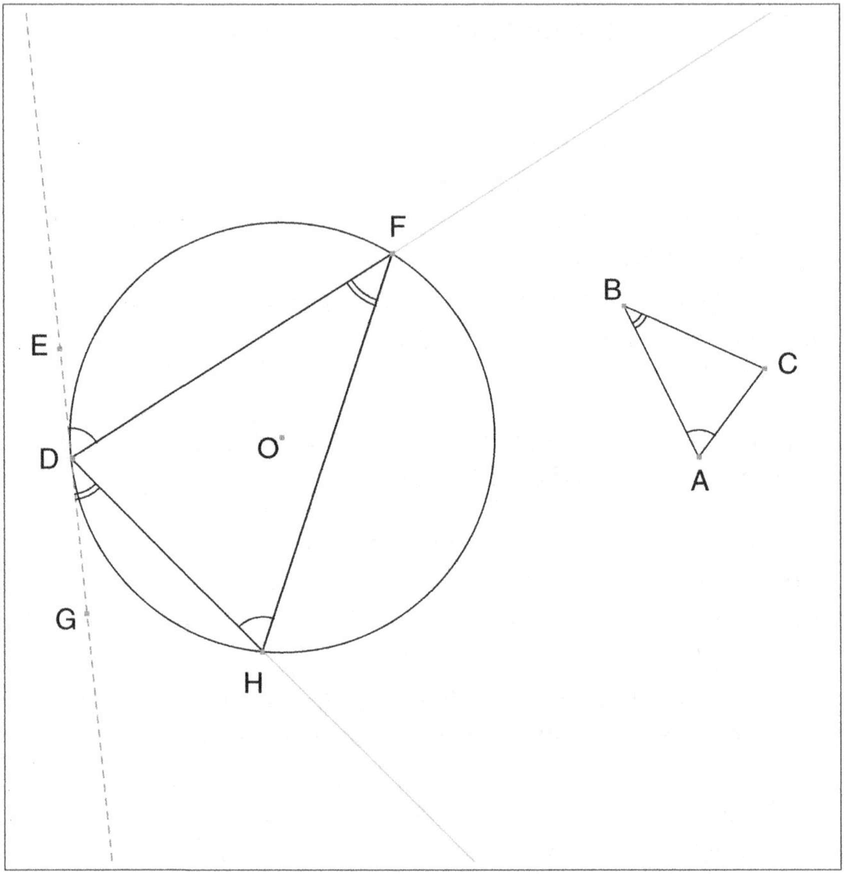

Figura 17: Costruzione del triangolo inscritto

4.2.2 Circoscrivere ad un cerchio dato un triangolo di angoli assegnati

L'altro problema relativo ai triangoli è quello di costruire un triangolo circoscritto a un cerchio dato che sia equiangolo rispetto a un certo triangolo, anch'esso dato. Vogliamo cioè realizzare la costruzione illustrata dal seguente teorema:

Circoscrivere a un cerchio dato un triangolo equiangolo rispetto a un triangolo dato

Facendo riferimento alla Figura 18, si voglia circoscrivere al cerchio di centro O un triangolo che abbia gli stessi angoli del triangolo ABC. La costruzione avviene secondo i seguenti passaggi:

1. per un punto K qualsiasi della circonferenza tracciamo la retta tangente (cioè la perpendicolare per D al raggio OK)
2. prolunghiamo la retta AB da ambo le parti
3. riportiamo l'angolo esterno $D\hat{A}C$ del triangolo ABC a partire dal raggio OK in modo che sia $K\hat{O}L = D\hat{A}C$
4. riportiamo l'angolo esterno $C\hat{B}E$ del triangolo ABC a partire dal raggio OL in modo che sia $L\hat{O}M = C\hat{B}E$
5. dai punti L e M tracciamo le tangenti alla circonferenza; si viene così a formare il triangolo FGH che è equiangolo ad ABC

Per dimostrare che il triangolo così trovato è effettivamente equiangolo al triangolo di partenza ABC basta osservare che $L\hat{G}K = \pi - K\hat{O}L$ in quanto i due triangoli LOG e KOG sono ambedue rettangoli e uguali poiché hanno uguale l'ipotenusa e un cateto (il fatto che due triangoli rettangoli aventi uguali l'ipotenusa e un cateto siano uguali – noto anche come *criterio di uguaglianza dei triangoli rettangoli* – è stabilito nel lemma introdotto per dimostrare il teorema che identifica la bisettrice di un angolo con il luogo geometrico dei punti equidistanti dai suoi lati). Ma anche $C\hat{A}B = \pi - D\hat{A}C$, ed essendo $D\hat{A}C = K\hat{O}L$, sarà anche $L\hat{G}K = C\hat{A}B$. In maniera analoga si dimostra che $M\hat{H}L = A\hat{B}C$, ed essendo anche $M\hat{F}K = A\hat{C}B$ per il teorema sulla somma degli angoli interni di un triangolo, resta dimostrato che i due triangoli ABC e FGH sono equiangoli. Formalizziamo i passaggi della

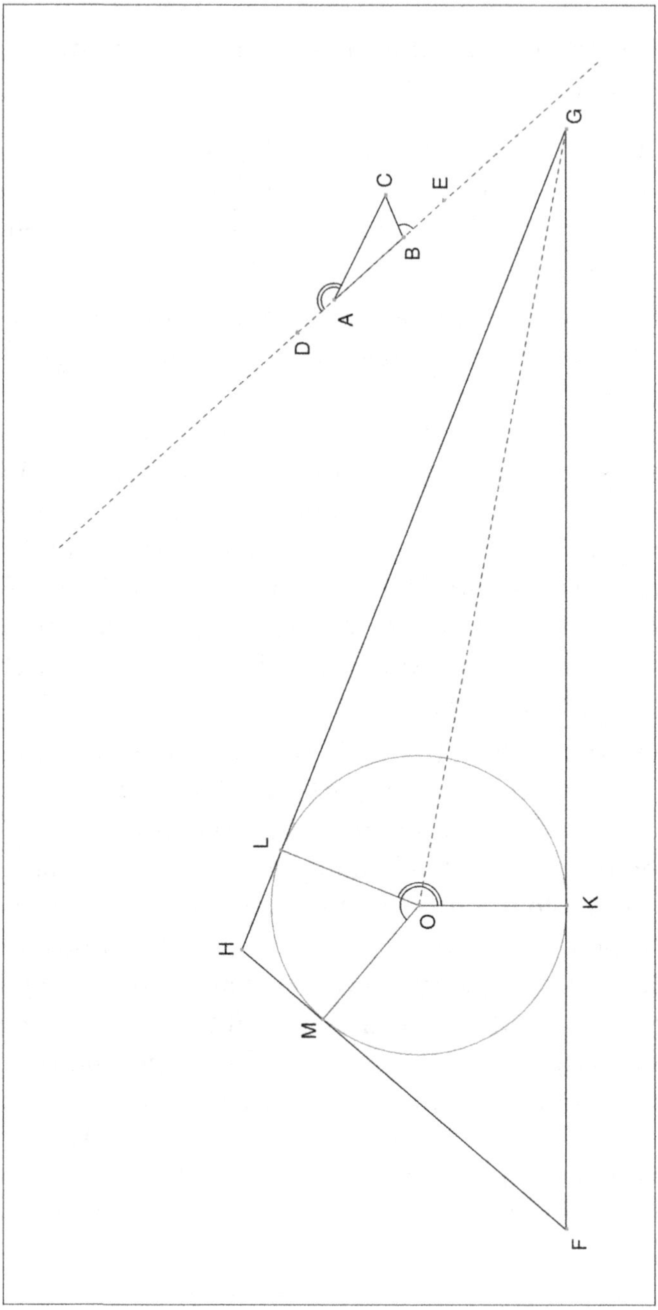

Figura 18: Costruzione del triangolo circoscritto

dimostrazione:

Ipotesi: la costruzione vista sopra e illustrata in Figura 18

1. $OL = OK$ in quanto raggi (ipotesi)
2. $OG = OG$
3. $O\hat{L}G = O\hat{K}G = \frac{\pi}{2}$ (ipotesi)
4. i triangoli OLG e OKG sono uguali (criterio di uguaglianza dei triangoli rettangoli, 1, 2, 3)
5. $L\hat{O}G = K\hat{O}G$ (E.C.T.U., 4)
6. $L\hat{G}O = K\hat{G}O$ (E.C.T.U., 4)
7. $L\hat{G}O = \frac{\pi}{2} - L\hat{O}G$ (teorema sulla somma degli angoli interni di un triangolo, 3)
8. $K\hat{G}O = \frac{\pi}{2} - K\hat{O}G$ (teorema sulla somma degli angoli interni di un triangolo, 3)
9. $L\hat{G}K = \pi - K\hat{O}L$ (7, 8)
10. $C\hat{A}B = \pi - D\hat{A}C$ (ipotesi)
11. $D\hat{A}C = K\hat{O}L$ (ipotesi)
12. $L\hat{G}K = C\hat{A}B$ (9, 10, 11)
13. $M\hat{H}L = A\hat{B}C$ (dimostrazione analoga a quella del punto 12)
14. $M\hat{F}K = A\hat{C}B$ (teorema sulla somma degli angoli interni di un triangolo, 12, 13)
15. **Tesi**: i triangoli ABC e FGH sono equiangoli (12, 13, 14)

4.3 Quadrilateri

Non tutti i quadrilateri sono inscrivibili e circoscrivibili in una circonferenza, ma solo quelli che obbediscono a particolari condizioni. Così, ad esempio, un rettangolo sarà inscrivibile ma non circoscrivibile, mentre un rombo sarà circoscrivibile ma non inscrivibile. Un trapezio scaleno non sarà mai inscrivibile, e sarà circoscrivibile solo sotto certe condizioni. Il quadrato, che è un poligono regolare, è sempre inscrivibile e circoscrivibile.

4.3.1 Quadrilateri inscritti in una circonferenza

La condizione cui deve soddisfare un quadrilatero per essere inscrivibile in una circonferenza viene enunciata da Euclide nel terzo libro (anziché nel quarto, con tutte le altre proposizioni dedicate ai poligoni inscritti e circoscritti), e precisamente è la proposizione 22 che esprime il seguente teorema:

In quadrilateri che siano inscritti in cerchi, la somma degli angoli opposti è uguale a due retti

Consideriamo un quadrilatero $ABCD$ inscritto in una circonferenza (Figura 19). I due angoli $A\hat{D}B$ e $A\hat{C}B$ sono uguali poiché insistono sul medesimo arco AB. Per lo stesso motivo (ma adesso l'arco da prendere in considerazione è BC) anche $B\hat{D}C = B\hat{A}C$. Ora, nel triangolo ABC la somma degli angoli interni è un angolo piatto: $B\hat{A}C + A\hat{C}B + A\hat{B}C = \pi$ e quindi anche $A\hat{D}C + A\hat{B}C = \pi$. Formalizziamo i passaggi della dimostrazione:

Ipotesi: il quadrilatero $ABCD$ è inscritto in una circonferenza

1. $A\hat{D}B = A\hat{C}B$ (corollario del teorema dell'angolo al centro, ipotesi)
2. $B\hat{D}C = B\hat{A}C$ (corollario del teorema dell'angolo al centro, ipotesi)
3. $A\hat{D}C = A\hat{D}B + B\hat{D}C$ (ipotesi)
4. $A\hat{D}C = A\hat{C}B + B\hat{A}C$ (1, 2, 3)
5. $B\hat{A}C + A\hat{C}B + A\hat{B}C = \pi$ (teorema sulla somma degli angoli interni di un triangolo)
6. **Tesi**: $A\hat{D}C + A\hat{B}C = \pi$ (4, 5)

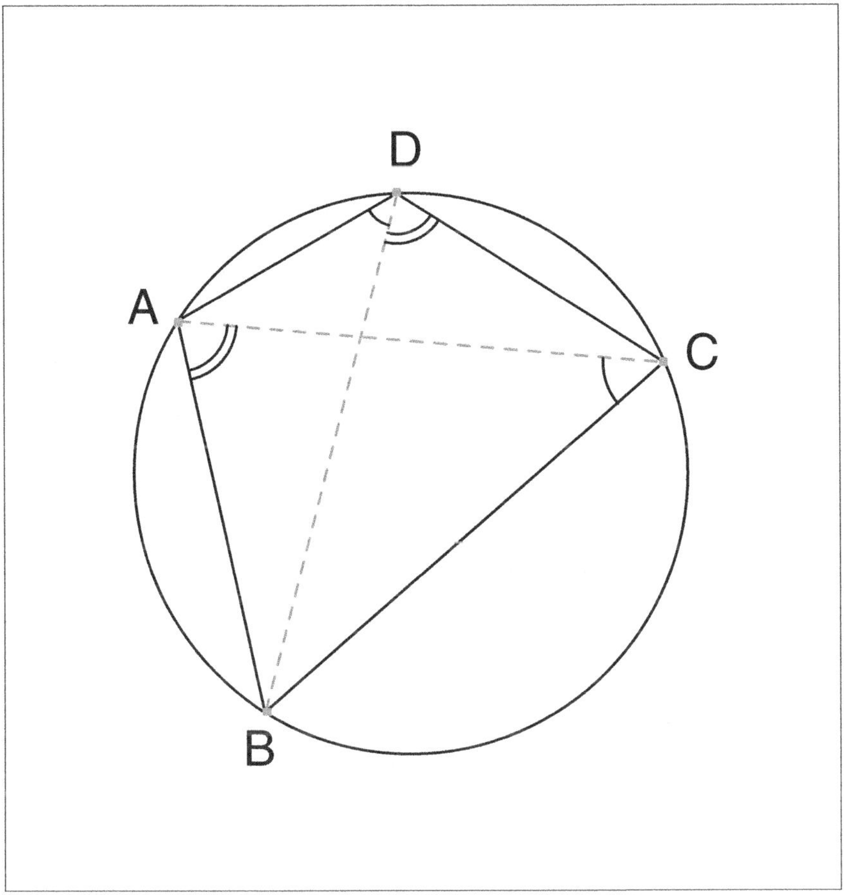

Figura 19: Quadrilatero inscritto in un cerchio

4.3.2 Quadrilateri circoscritti a una circonferenza

La condizione di circoscrivibilità dei quadrilateri non viene mai esplicitamente dimostrata da Euclide, né nel terzo né nel quarto libro. Tuttavia essa può essere dedotta dalle proprietà delle tangenti tracciate per un punto esterno a una circonferenza.

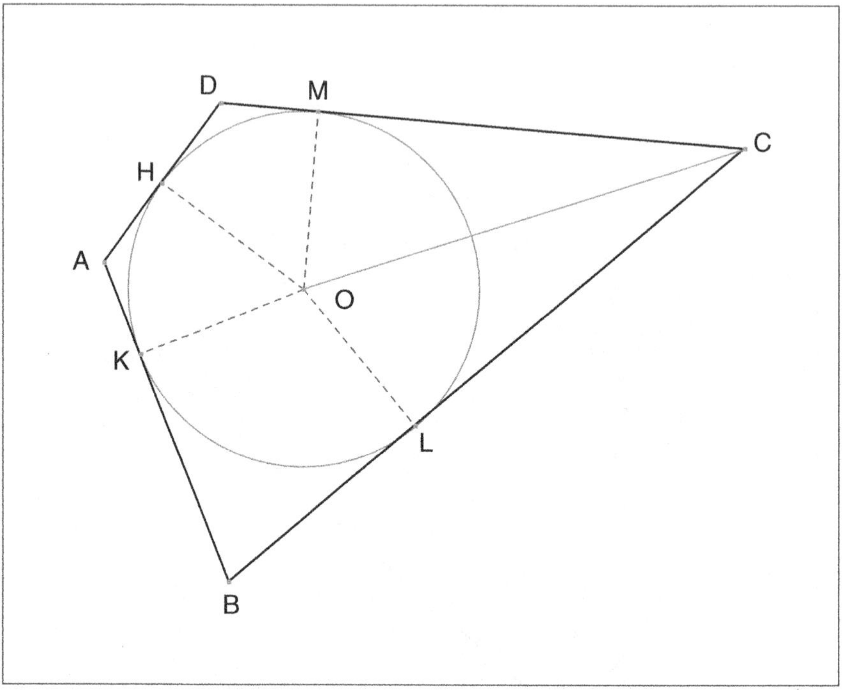

Figura 20: Quadrilatero circoscritto a un cerchio

Con riferimento alla Figura 20, osserviamo che i due triangoli rettangoli OMC e OLC sono uguali (l'ipotenusa OC è in comune e $OM = OL$ in quanto raggi), quindi sarà $CM = CL$. Per lo stesso motivo $DM = DH$, $AK = AH$ e $BK = BL$. Sommiamo ora tutti i primi termini e tutti i secondi termini di queste quattro uguaglianze; in base alla seconda nozione comune (*se cose uguali sono addizionate a cose uguali le totalità sono uguali*) le due quantità così ottenute saranno tra loro uguali:

$$CM + DM + AK + BK = CL + DH + AH + BL.$$

Ma $CM + DM = CD$, $AK + BK = AB$, $DH + AH = AD$ e $CL + BL = CB$. Possiamo quindi scrivere $CD + AB = AD + BC$. Resta così dimostrato il seguente teorema:

In un quadrilatero circoscritto ad un cerchio la somma di due lati opposti è uguale alla somma degli altri due lati

Formalizziamo i passaggi della dimostrazione:

Ipotesi: il quadrilatero $ABCD$ è circoscritto a una circonferenza (Figura 20)

1. $OM = OL$ in quanto raggi (ipotesi)
2. $OC = OC$
3. $O\hat{M}C = O\hat{L}C = \frac{\pi}{2}$ (ipotesi)
4. $OMC = OLC$ (criterio di uguaglianza dei triangoli rettangoli, 1, 2, 3)
5. $CM = CL$ (E.C.T.U., 5)
6. $DM = DH$ (dimostrazione analoga punto 5)
7. $AK = AH$ (dimostrazione analoga punto 5)
8. $BK = BL$ (dimostrazione analoga punto 5)
9. $CM + DM + AK + BK = CL + DH + AH + BL$ (seconda nozione comune, 5, 6, 7, 8)
10. $CM + DM = CD$ (ipotesi)
11. $AK + BK = AB$ (ipotesi)
12. $DH + AH = AD$ (ipotesi)
13. $CL + BL = CB$ (ipotesi)
14. **Tesi**: $CD + AB = AD + BC$ (9, 10, 11, 12, 13)

4.4 L'esagono regolare

Il poligono regolare di sei lati (esagono) gode di una notevole proprietà: il suo lato è uguale al raggio del cerchio circoscritto. La costruzione dell'esagono è illustrata nella dimostrazione della proposizione 15 del IV libro:

Inscrivere in un cerchio dato un esagono equilatero ed equiangolo

Dovendo essere il lato dell'esagono uguale al raggio del cerchio circoscritto, per la costruzione della figura basterà tracciare una circonferenza di raggio uguale a quello del cerchio circoscritto e centro in un punto qualsiasi dello stesso cerchio. Si vengono così ad avere tre punti che individuano tre diametri i cui altri estremi sono i rimanenti vertici dell'esagono (Figura 21).

La costruzione avviene quindi secondo i seguenti passaggi:

1. prendendo come centro un punto A qualsiasi della circonferenza tracciamo una seconda circonferenza con lo stesso raggio dell'altra
2. le due circonferenze si intersecano nei punti F e B
3. unendo i punti A, B ed F con il centro O e prolungando dalla parte di O individuiamo i tre diametri: AD, FC e BE
4. il poligono $ABCDEF$ è l'esagono regolare cercato

Dimostriamo la validità della costruzione:

Ipotesi: la costruzione illustrata in Figura 21

1. $OA = OB$ in quanto raggi della prima circonferenza (ipotesi)
2. $AB = OA$ in quanto raggi della seconda circonferenza (ipotesi)
3. il triangolo OAB è equilatero (1, 2)
4. il triangolo OFA è equilatero (dimostrazione analoga punto 3)
5. $A\hat{O}B = \frac{\pi}{3}$ (teorema del triangolo isoscele, 3)

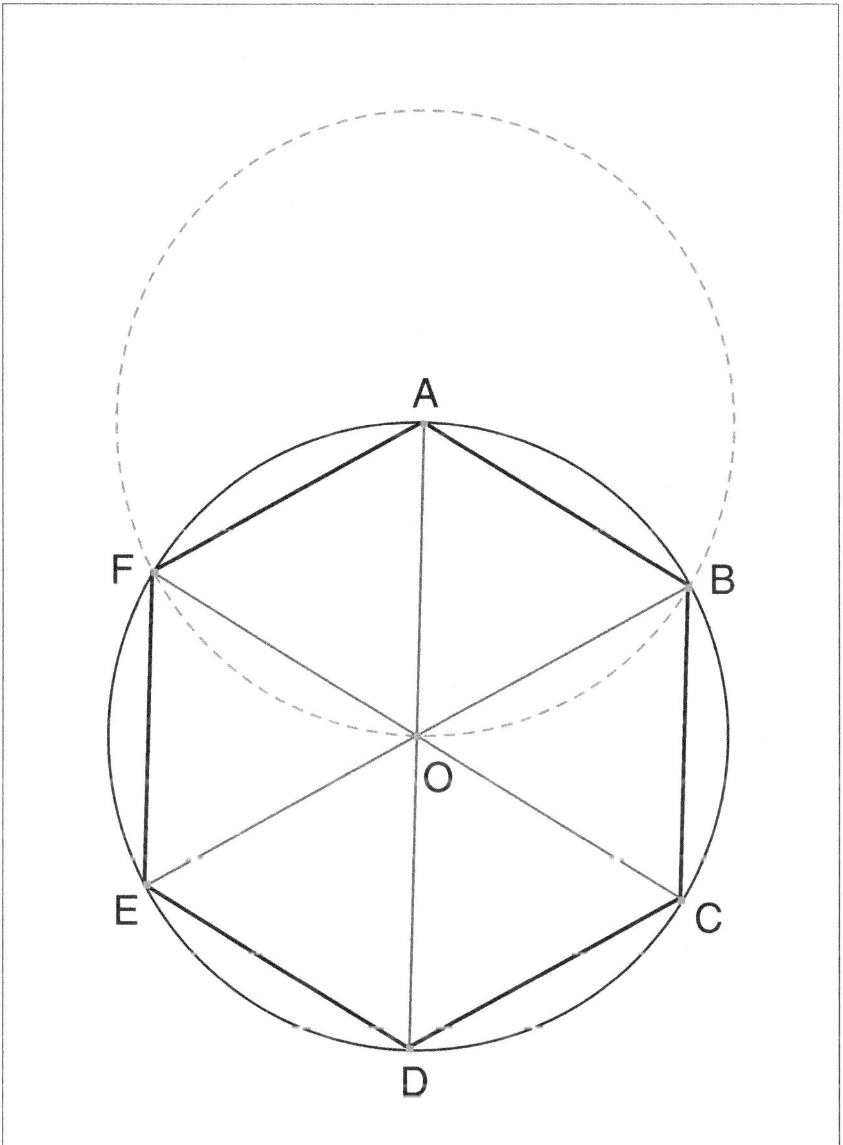

Figura 21: L'esagono regolare

6. $F\hat{O}A = \frac{\pi}{3}$ (teorema del triangolo isoscele, 4)
7. $B\hat{O}C = \pi - F\hat{O}A - A\hat{O}B = \frac{\pi}{3}$ (5, 6)
8. $OC = OA = OB$ in quanto raggi della prima circonferenza (ipotesi)
9. $AOB = BOC$ (primo criterio, 7, 8)
10. $D\hat{O}C = F\hat{O}A = \frac{\pi}{3}$ (angoli opposti al vertice, 6)
11. $OB = OC = OD$ in quanto raggi della prima circonferenza (ipotesi)
12. $BOC = COD$ (primo criterio, 10, 11)
13. $E\hat{O}D = A\hat{O}B = \frac{\pi}{3}$ (angoli opposti al vertice, 5)
14. $OC = OD = OE$ in quanto raggi della prima circonferenza (ipotesi)
15. $EOD = COD$ (primo criterio, 13, 14)
16. $F\hat{O}E = \pi - F\hat{O}A - A\hat{O}B = \frac{\pi}{3}$ (5, 6)
17. $OD = OE = OF$ in quanto raggi della prima circonferenza (ipotesi)
18. $FOE = EOD$ (primo criterio, 16, 17)
19. $OA = OA$
20. $FOA = AOB$ (terzo criterio, 3, 4, 19)
21. $O\hat{A}B = O\hat{B}A = O\hat{B}C = O\hat{C}B = O\hat{C}D = O\hat{D}C = O\hat{D}E = O\hat{E}D = O\hat{E}F = O\hat{F}E = O\hat{F}A = O\hat{A}F$ (E.C.T.U., 9, 12, 15, 18, 20)
22. $F\hat{A}B = A\hat{B}C = B\hat{C}D = C\hat{D}E = D\hat{E}F = E\hat{F}A$ (seconda nozione comune, 21)
23. $AB = BC = CD = DE = EF = FA$ (E.C.T.U., 9, 12, 15, 18, 20)
24. **Tesi**: il poligono *ABCDEF* è un esagono regolare (22, 23)

4.5 Verifiche di comprensione

1. Che cosa significa che un poligono è inscritto in un cerchio?

2. Che cosa significa che un poligono è circoscritto ad un cerchio?
3. Che cosa significa che una circonferenza è circoscritta ad un poligono?
4. Che cosa significa che una circonferenza è inscritta in un poligono?
5. Che cosa sono i poligoni regolari?
6. Qual è il poligono regolare con tre lati?
7. Qual è il poligono regolare con quattro lati?
8. Di quale importante proprietà godono i poligoni regolari riguardo all'inscrivibilità e circoscrivibilità?
9. Sotto quali condizioni un triangolo è inscrivibile/circoscrivibile?
10. Come si costruisce il cerchio circoscritto a un triangolo dato?
11. Come si costruisce il cerchio inscritto in un triangolo dato?
12. Illustra e dimostra la costruzione del triangolo inscritto in un cerchio dato e avente gli angoli uguali a quelli di un triangolo assegnato.
13. Illustra e dimostra la costruzione del triangolo circoscritto a un cerchio dato e avente gli angoli uguali a quelli di un triangolo assegnato.
14. I quadrilateri sono sempre inscrivibili/circoscrivibili?
15. Fai un esempio di quadrilatero inscrivibile ma non circoscrivibile.
16. Fai un esempio di quadrilatero circoscrivibile ma non inscrivibile.
17. Quali sono le proprietà del quadrato riguardo a inscrivibilità/circoscrivibilità?
18. Enuncia e dimostra la condizione a cui deve soddisfare un quadrilatero per essere inscrivibile in un cerchio.
19. Enuncia e dimostra la condizione a cui deve soddisfare

un quadrilatero per essere circoscrivibile a un cerchio.

20. Illustra e dimostra la costruzione dell'esagono regolare inscritto in un cerchio.

4.6 Problemi

1. Dimostra che un poligono regolare è sempre inscrivibile in una circonferenza.
2. Dimostra che un poligono regolare è sempre circoscrivibile a una circonferenza.
3. Dimostra che in un poligono regolare il centro del cerchio inscritto coincide con quello del cerchio circoscritto.
4. Dimostra che un poligono che sia inscrivibile e circoscrivibile, per il quale il centro del cerchio inscritto e quello del cerchio circoscritto coincidono, è un poligono regolare.
5. Dimostra che in un poligono regolare l'angolo formato da due raggi adiacenti è uguale a quello formato da due apotemi adiacenti.
6. Dimostra che un trapezio scaleno non è mai inscrivibile in una circonferenza (*Suggerimento: procedi per assurdo e unisci i punti medi delle due basi con il centro della circonferenza...*).
7. Dimostra che le diagonali che partono dal vertice di un poligono regolare di n lati dividono in $n-2$ parti uguali l'angolo formato dai lati che si incontrano in quel vertice.
8. Dimostra che se un trapezio è inscrivibile in una circonferenza allora è isoscele.
9. Sia $ABCD$ un trapezio circoscritto a una circonferenza, di basi AB e CD. Detto O il centro della circonferenza, dimostra che l'angolo $A\hat{O}D$ è retto.

10. Dimostra che unendo un vertice sì e uno no di un esagono regolare si ottiene un triangolo equilatero.
11. Dimostra che il raggio del cerchio inscritto in un triangolo equilatero è metà del raggio del cerchio circoscritto allo stesso triangolo.
12. Dai punti medi *M, N* e *L* dei lati di un triangolo equilatero *ABC* traccia esternamente al triangolo i segmenti *MD, NE, LF* di uguale lunghezza e perpendicolari ai lati. Dimostra che il triangolo *DEF* è equilatero.
13. Dimostra che il lato del triangolo equilatero inscritto in un cerchio è la metà del lato del triangolo equilatero circoscritto al medesimo cerchio (*Suggerimento: tra tutti i possibili triangoli equilateri circoscritti al cerchio scegli quello che ha i punti di contatto con i lati coincidenti con i vertici del triangolo equilatero inscritto...*).
14. Dimostra che nel pentagono regolare *ABCDE* la diagonale *AD* è parallela al lato *BC* (*Suggerimento: traccia anche la diagonale DB...*).
15. Nel pentagono regolare *ABCDE* traccia le diagonali *AC* e *BD* che si incontrano in *F*. Dimostra che il quadrilatero *AFDE* è un parallelogramma. Di quale tipo di parallelogramma si tratta? (*Suggerimento: dimostra che nel quadrilatero AFDE gli angoli opposti sono uguali; a tal fine tieni conto del risultato dimostrato nel problema 7, considera il triangolo BCF e ricorda che l'angolo interno nel pentagono regolare vale...*).
16. Dato un esagono regolare *ABCDEF* prolunga il lato *AB* di un segmento *BG*, il lato *BC* di un segmento *CH*, il lato *CD* di un segmento *DI*, il lato *DE* di un segmento *EJ*, il lato *EF* di un segmento *FK* e il lato *FA* di un segmento *AL* in modo che sia $BG = CH = DI = EJ = FK = AL$. Dimostra che il poligono *GHIJKL* è un esagono regolare.

17. Dimostra che prolungando tre lati non consecutivi di un esagono regolare si viene a formare un triangolo equilatero il cui lato è tre volte quello dell'esagono.
18. Su ciascun lato di un esagono regolare costruisci un quadrato esternamente all'esagono. Dimostra che i vertici dei quadrati che non sono anche vertici dell'esagono (due per ogni quadrato) individuano un poligono regolare di dodici lati.

PARTE II

L'EQUIVALENZA

LEZIONE 5

EQUIVALENZA ED EQUISCOMPONIBILITÀ

5.1 Nozione di equivalenza

Si dice che due figure piane sono *equivalenti* quando le superfici che ricoprono hanno la stessa estensione. In questa definizione si fa riferimento all'*estensione superficiale*, che è un concetto primitivo, non ulteriormente specificabile in termini di nozioni più elementari. Qualora di due superfici piane una abbia estensione maggiore dell'altra diremo che la prima è *prevalente* alla seconda, o anche che la seconda è *suvvalente* alla prima.

5.1.1 L'equivalenza negli Elementi

Negli *Elementi* di Euclide non troviamo mai una esplicita definizione di equivalenza o di estensione superficiale; semplicemente vengono ad un certo punto dati dei criteri per stabilire sotto quali condizioni un certo poligono è equivalente ad un altro di forma diversa. Addirittura, Euclide usa il termine "uguale" anche per esprimere l'equivalenza. Noi però manterremo la distinzione dei termini, in quanto è pur vero che due figure uguali sono anche equivalenti, ma due figure possono essere equivalenti senza essere uguali.

Per rendere esplicita la distinzione tra uguaglianza ed equivalenza useremo due notazioni diverse e scriveremo $A = B$ quando due figure piane A e B sono uguali (cioè congruenti, ovverosia sovrapponibili l'una all'altra mediante un movimento rigido), mentre scriveremo $A \equiv B$ quando le due figure sono equivalenti (cioè aventi la medesima estensione superficiale).

5.1.2 Nozione intuitiva di equivalenza

Volendo chiarire intuitivamente la nozione di equivalenza possiamo fare ricorso a qualche esempio. Con la stessa quantità di sementi ricopriremo d'erba due prati di forma diversa ma aventi la stessa estensione. Ancora, per pavimentare due stanze equivalenti occorre lo stesso numero di mattonelle. Oppure, se ritaglio su una stessa tavola di compensato due figure equivalenti, esse avranno lo stesso peso.

5.2 Somma e differenza di figure piane

Un altro concetto molto importante legato all'estensione superficiale è quello di *somma* e *differenza* di figure piane. Anche in questo caso abbiamo una caratterizzazione intuitiva abbastanza immediata: per fare la somma di due superfici dobbiamo "metterle insieme", mentre per fare la differenza dobbiamo "togliere" una dall'altra. In termini più rigorosi, abbiamo le seguenti definizioni:

1. **date due figure piane A e B, aventi in comune nessun punto o al più parti del contorno, definiamo la somma $A + B$ come la figura ottenuta dall'unione degli insiemi dei punti di A e B;**
2. **date due figure piane A e B, la seconda interamente contenuta nella prima, definiamo la differenza $A - B$ come l'insieme dei punti di A che non appartengono a B.**

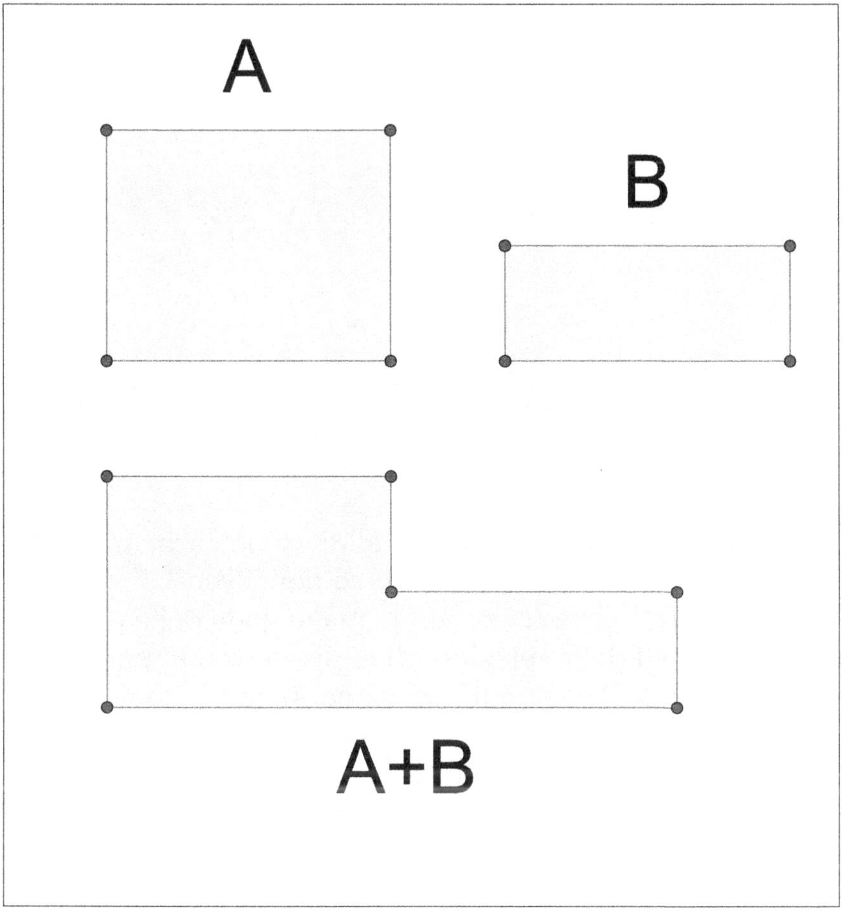

Figura 22: Somma di figure piane

5.3 Postulati dell'equivalenza

Nella geometria moderna si è voluto caratterizzare il concetto di equivalenza in maniera un po' più formale di quanto non lo sia negli *Elementi*, senza tuttavia introdurre niente che contraddica la trattazione euclidea. A tale scopo sono stati introdotti i seguenti postulati:

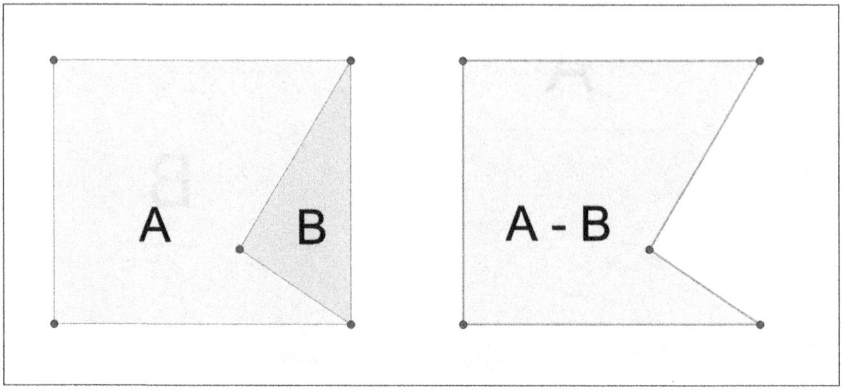

Figura 23: Differenza di figure piane

1. se due figure sono uguali allora sono anche equivalenti: $A = B \Rightarrow A \equiv B$ (l'inverso non è vero);
2. l'equivalenza tra superfici piane gode delle proprietà formali delle relazioni di equivalenza, in particolare, dette A, B e C tre figure piane, si ha:
   (a) $A \equiv A$, cioè ogni figura è equivalente a sé stessa (*proprietà riflessiva*)
   (b) $A \equiv B \Rightarrow B \equiv A$, cioè se una figura è equivalente ad un'altra allora anche la seconda è equivalente alla prima (*proprietà simmetrica*)
   (c) $A \equiv B$ e $B \equiv C \Rightarrow A \equiv C$, cioè se una figura è equivalente ad un'altra e questa è equivalente ad una terza allora la prima è equivalente alla terza (*proprietà transitiva*, in cui è immediato riconoscere la prima nozione comune del primo libro: «*cose che sono uguali a una stessa cosa sono uguali anche tra loro*»);
3. se $A \equiv B$ e $C \equiv D$, allora $A + C \equiv B + D$ (e analogamente per la differenza). Più in generale: figure ottenute dalla somma e differenza di figure equiva-

lenti sono equivalenti (questo postulato esprime la seconda e la terza delle nozioni comuni del primo libro, che recitano rispettivamente: «*se a cose uguali sono addizionate cose uguali le totalità sono uguali*» e «*se da cose uguali sono sottratte cose uguali i resti sono uguali*»);
4. una superficie finita è prevalente ad una sua qualsiasi parte (*postulato di De Zolt*).

Nel postulato di De Zolt riconosciamo l'applicazione al caso dell'estensione superficiale di un concetto generale espresso nell'ottava nozione comune del primo libro degli *Elementi*: «*Il tutto è maggiore della parte*». Come già a suo tempo osservato per l'ottava nozione comune, è fondamentale specificare che la superficie sia finita. Il motivo è che, come l'ottava nozione comune viene a cadere nel caso di insiemi infiniti (si pensi alla corrispondenza biunivoca tra numeri interi e numeri pari), così i concetti stessi di equivalenza, prevalenza e suvvalenza perdono significato se riferiti a superfici infinite. Notiamo infine che nel presente contesto "infinito" e "illimitato" sono concetti che non si sovrappongono completamente. È possibile infatti avere superfici di estensione finita che non sono però racchiudibili in alcuna porzione finita del piano (come esempio si consideri la regione compresa tra la curva di equazione $y = 2^{-x}$ e il semiasse positivo delle x). Queste problematiche erano però aliene alla riflessione di Euclide, e fanno il loro ingresso nella storia della matematica solo in epoca molto più tarda, in particolare con lo sviluppo del calcolo infinitesimale.

5.4 Equiscomponibilità

Come abbiamo visto, il terzo postulato dell'equivalenza esprime le nozioni comuni del primo libro degli *Elementi* seconda ("se cose uguali sono addizionate a cose uguali, le totalità sono uguali") e terza ("se da cose uguali sono sottratte cose uguali, i resti sono uguali").

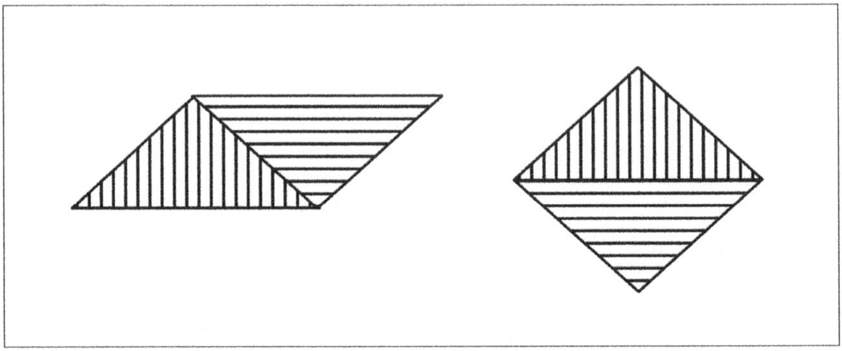

Figura 24: Equiscomponibilità di figure piane

Questo postulato è molto importante perché ci permette di stabilire un criterio operativo per l'equivalenza. Ad esempio, i due parallelogrammi in Figura 24 sono evidentemente equivalenti, ma come possiamo dimostrarlo? La risposta è semplice ed è suggerita dal modo in cui sono state riempite le due figure; risulta infatti che i parallelogrammi si ottengono dalla somma della stessa coppia di triangoli (quello riempito con linee orizzontali e quello riempito con linee verticali) disposti diversamente nei due casi. Quando due figure sono scomponibili in parti a due a due uguali si dice che sono *equiscomponibili*. Come diretta conseguenza del terzo postulato dell'equivalenza possiamo quindi stabilire il seguente criterio:

Due figure piane equiscomponibili sono equivalenti

Sebbene il criterio ora enunciato possa essere applicato ad una classe più generale di figure, noi prenderemo in considerazione solo il caso dei poligoni. Inoltre – sempre limitatamente al caso dei poligoni – risulta che il criterio dell'equiscomponibilità è invertibile, vale a dire che se due poligoni sono equivalenti allora esiste una scomposizione di entrambi in coppie di poligoni a due a due uguali. Infine, osserviamo che non perdiamo di generalità se modifichiamo il criterio dell'equiscomponibilità affermando che due figure sono equivalenti se esiste una scomposizione di entrambe in coppie di figure a due a due equivalenti.

5.4.1 Problema svolto

Vogliamo dimostrare che nel poligono stellato di Figura 25 (ottenuto tracciando le diagonali di un esagono regolare) la parte esterna formata dai sei triangoli di colore più scuro è equivalente all'esagono interno, di colore più chiaro.

Osserviamo che unendo il centro con i vertici un esagono regolare viene diviso in sei triangoli equilateri uguali. Se dunque riusciamo a far vedere che ognuno dei triangoli in cui viene diviso l'esagono di colore chiaro (ad esempio *AOB*) è equivalente a uno dei triangoli esterni di colore scuro (ad esempio *ABC*), potremo applicare il criterio dell'equiscomponibilità per dedurre l'equivalenza delle due figure.

Innanzitutto mostriamo che l'esagono interno (di colore più chiaro) è un poligono regolare. Ciò segue direttamente dall'ipotesi che anche l'esagono esterno sia regolare. Infatti è immediato riconoscere che i triangoli con due vertici coincidenti con vertici adiacenti dell'esagono e il terzo all'intersezione di due diagonali, come *DEF*, *DBC*, ecc., sono tutti uguali e quindi lo sono anche gli angoli dell'esagono interno, opposti al vertice di angoli che a loro volta sono uguali poiché elementi corrispondenti in triangoli uguali. Dall'uguaglianza di questi triangoli si deduce facilmente che anche i triangoli scuri (*ABC*, *BDE*, ecc.) sono uguali tra loro; in particolare saranno uguali le basi *AB*, *BE*, ecc. (che

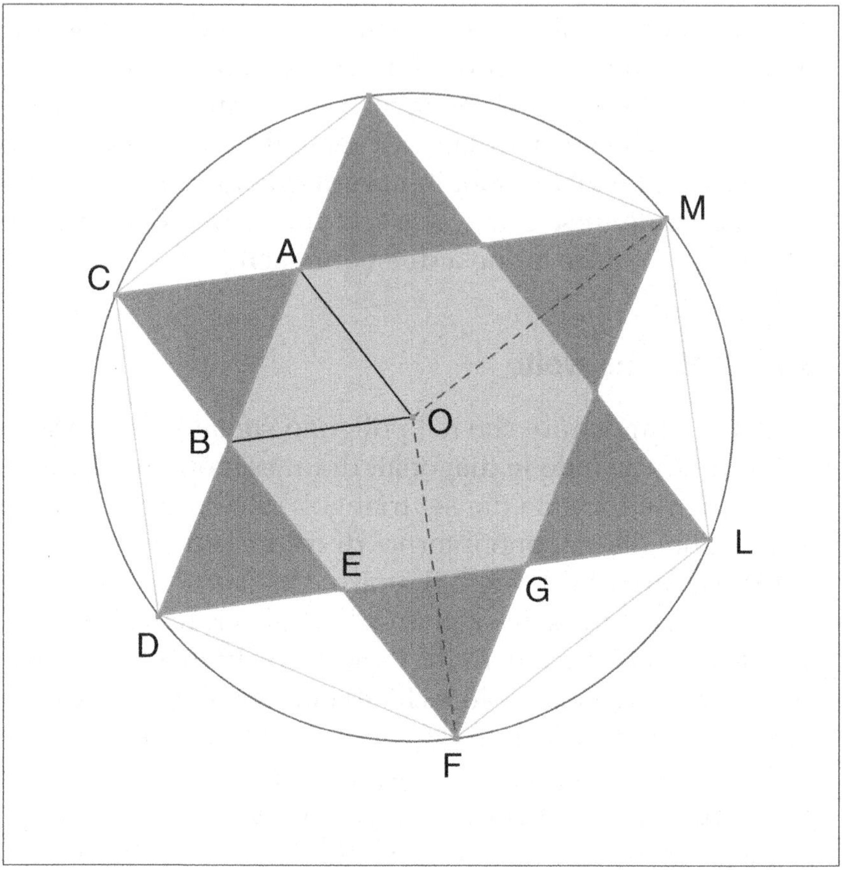

Figura 25: Problema svolto

sono anche i lati dell'esagono interno) in quanto elementi corrispondenti in triangoli uguali. L'esagono interno allora, avendo tutti i lati e gli angoli uguali, è un poligono regolare.

Il triangolo AOB è isoscele poiché AO e BO sono raggi della circonferenza circoscritta all'esagono di colore chiaro. Inoltre, essendo l'angolo $B\hat{O}A$ pari ad un sesto di angolo giro, il triangolo è anche equilatero. Passiamo ora al triangolo ABC. L'angolo $B\hat{C}A$ è l'angolo alla circonferenza relativo all'angolo al centro $F\hat{O}M$ che, insistendo su un arco individuato da due lati dell'esagono esterno, è pari a due sesti di angolo giro; pertanto $B\hat{C}A$ è un sesto di angolo giro.

Inoltre, per il teorema sulla somma degli angoli interni di un poligono e per il fatto che in un poligono regolare tutti gli angoli interni sono uguali, l'angolo $A\hat{B}E$ è pari ad un terzo di angolo giro (cioè due terzi di angolo piatto), e così pure $C\hat{B}D$ che è ad esso opposto al vertice.

Ora, l'angolo $C\hat{B}A$ è supplementare di $C\hat{B}D$, pertanto sarà uguale ad un terzo di angolo piatto. Applicando il teorema sulla somma degli angoli interni di un triangolo otteniamo, per differenza, che anche $C\hat{A}B$ è uguale ad un terzo di angolo piatto. Dunque il triangolo ABC è equiangolo e quindi equilatero (per il teorema inverso del triangolo isoscele). Osserviamo allora che ABC e OAB sono due triangoli equilateri con il lato AB in comune; essi sono pertanto uguali in base al secondo criterio di uguaglianza dei triangoli.

Si lascia per esercizio la formalizzazione dei passaggi della dimostrazione.

5.5 Verifiche di comprensione e conoscenza

1. Quando due figure piane si dicono equivalenti?
2. Che genere di concetto è quello di estensione superficiale?
3. Quando è che di due superfici piane si dice che una è prevalente o suvvalente all'altra?
4. Come viene definita l'equivalenza negli *Elementi* di Euclide?
5. Quali notazioni si usano per l'uguaglianza e l'equivalenza di figure piane?
6. Fai qualche esempio per chiarire intuitivamente la nozione di equivalenza.

7. Definisci la somma di figure piane.
8. Definisci la differenza di figure piane.
9. Enuncia il primo postulato dell'equivalenza.
10. Quali sono le proprietà formali delle relazioni di equivalenza?
11. Enuncia il terzo postulato dell'equivalenza.
12. Enuncia il postulato di De Zolt.
13. A quale nozione comune si può ricondurre il postulato di De Zolt?
14. Perché nel postulato di De Zolt è importante specificare che si sta considerando una superficie finita?
15. Fai un esempio in cui non vale l'ottava nozione comune del primo libro degli *Elementi*.
16. A quali nozioni comuni si può ricondurre il terzo postulato dell'equivalenza?
17. Cosa significa che due figure sono equiscomponibili?
18. Enuncia il criterio dell'equiscomponibilità.
19. È invertibile il criterio dell'equiscomponibilità limitato ai poligoni?
20. Come si può generalizzare il criterio dell'equiscomponibilità?

5.6 Problemi

1. Dimostra che due triangoli isosceli aventi lo stesso lato obliquo ed angoli alla base rispettivamente pari ad α il primo e $\frac{\pi}{2} - \alpha$ il secondo sono equivalenti.
2. Dimostra che il triangolo rettangolo isoscele è equivalente al quadrato avente lato pari a metà dell'ipotenusa.
3. Dimostra che un trapezio isoscele è equivalente ad un rettangolo avente la stessa altezza del trapezio e base uguale alla semisomma tra le basi maggiore e minore del trapezio.

4. Dimostra che il rettangolo di dimensioni a e $4a$ (essendo a un segmento assegnato) è equivalente al quadrato di lato $2a$.
5. Dimostra che un parallelogramma in cui una diagonale è uguale ad un lato è equivalente ad un rombo.
6. Dimostra che un triangolo isoscele è equivalente ad un deltoide.
7. Dato un triangolo rettangolo, dimostra che il rettangolo avente per lati i due cateti e il rettangolo avente per lati l'ipotenusa e l'altezza relativa all'ipotenusa sono equivalenti.
8. Dati due segmenti a e b dimostra che il quadrato costruito sul segmento $(a+b)$ è equivalente alla somma del quadrato costruito su a, di quello costruito su b e di due volte il rettangolo avente a e b per lati.
9. Nel triangolo ABC siano L, M ed N i punti medi dei lati AB, BC e AC rispettivamente. Dimostra che il quadrilatero $LMCN$ è equivalente a metà del triangolo.
10. Dati due segmenti a e b (con $a > b$) dimostra che il rettangolo di dimensioni $a+b$ e $a-b$ è equivalente alla differenza tra i quadrati di lato a e b.
11. Dimostra l'equivalenza tra un quadrato ed un rettangolo avente per lati la diagonale e metà della diagonale del quadrato.
12. Data una circonferenza, dimostra che il quadrato circoscritto ad essa è equivalente al doppio del quadrato inscritto.
13. Dimostra che l'esagono regolare e il triangolo equilatero inscritti nella stessa circonferenza sono l'uno doppio dell'altro.
14. Dimostra che il triangolo rettangolo avente per cateti i segmenti $2a$ e b è equivalente al rettangolo di lati a e b.

LEZIONE 6

EQUIVALENZA DI TRIANGOLI E PARALLELOGRAMMI

6.1 Equivalenza di parallelogrammi con la stessa base e la stessa altezza

Sotto quali condizioni figure in generale non uguali sono equivalenti, hanno cioè la stessa estensione superficiale? La questione è affrontata in un gruppo di dimostrazioni basate sul concetto chiave di equiscomponibilità. La prima proposizione che si incontra negli *Elementi* riguardante l'equivalenza di poligoni è la 35 del primo libro; in essa viene dimostrato il seguente teorema:

> **Due parallelogrammi aventi la stessa base e la stessa altezza ad essa relativa sono equivalenti.**

Per la dimostrazione consideriamo un segmento e una retta parallela ad esso, i due parallelogrammi, $ABCD$ e $BCFE$, hanno un lato coincidente con il segmento BC e il lato opposto sulla retta parallela (Figura 26). Consideriamo il caso in cui i due lati AD e EF non abbiano punti in comune (i casi in cui essi hanno un solo punto o un segmento in comune sono lasciati per esercizio). Osserviamo che, in base alle proprietà del parallelogrammo, $AD = BC = EF$. Se ai due segmenti uguali AD e EF sommiamo lo stesso segmento DE otteniamo ancora due segmenti uguali: $AE = DF$. Sempre in base alla proprietà per cui in un parallelogramma i lati opposti sono uguali avremo anche $AB = DC$. Infine, poiché

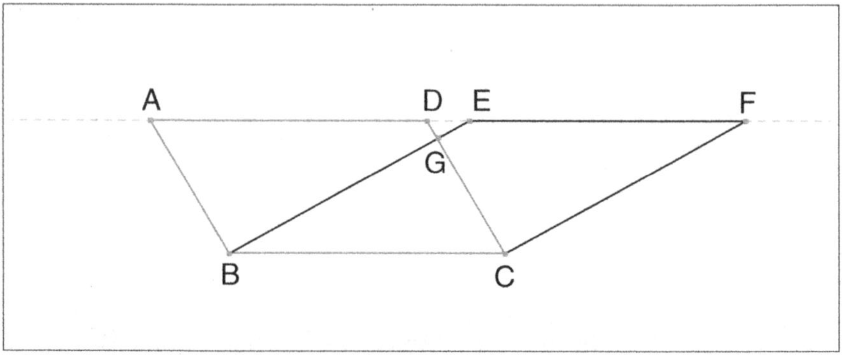

Figura 26: Equivalenza di parallelogrammi con la stessa base e la stessa altezza

in un parallelogramma gli angoli adiacenti sono supplementari, $B\hat{A}E$ e $C\hat{D}F$ sono supplementari allo stesso angolo $C\hat{D}A$ e sono pertanto uguali. Quindi, secondo il primo criterio di uguaglianza, i due triangoli *ABE* e *CDF* sono uguali e quindi sono anche equivalenti (primo postulato dell'equivalenza). Se adesso togliamo a questi due triangoli lo stesso triangolo *DGE* otteniamo i due trapezi equivalenti *ABGD* e *CGEF* (terzo postulato dell'equivalenza). Sempre in base al terzo postulato dell'equivalenza, se ai due trapezi equivalenti aggiungiamo lo stesso triangolo *BCG* troviamo i due parallelogrammi equivalenti *ABCD* e *CBEF*, e ciò dimostra la tesi. Formalizziamo i passaggi della dimostrazione:

Ipotesi: i due parallelogrammi hanno la stessa base *BC* e il lato opposto a questa su una medesima retta parallela alla base

1. $AD = BC = EF$ (ipotesi, i lati opposti di un parallelogramma sono uguali)
2. $AE = DF$ (1, somma di segmenti uguali)

3. $AB = DC$ (ipotesi, i lati opposti di un parallelogramma sono uguali)
4. $B\hat{A}E + C\hat{D}A = \pi$ (ipotesi, gli angoli adiacenti di un parallelogramma sono uguali)
5. $C\hat{D}F + C\hat{D}A = \pi$ (ipotesi)
6. $B\hat{A}E = C\hat{D}F$ (4,5)
7. $ABE = CDF$ (primo criterio, 2, 3, 6)
8. $ABE \equiv CDF$ (primo postulato equivalenza, 7)
9. $ABE - DGE \equiv ABDG \equiv CGEF \equiv CDF - DGE$ (terzo postulato equivalenza, 8)
10. **Tesi**: $ABDG + BGC \equiv ABCD \equiv EBCF \equiv CGEF + BGC$ (terzo postulato equivalenza, 9)

6.2 Equivalenza di triangoli con la stessa base e la stessa altezza

Teorema:

Due triangoli aventi la stessa base e la stessa altezza ad essa relativa sono equivalenti.

Si tratta della proposizione 37 del primo libro degli *Elementi* che viene dimostrata da Euclide nella seguente maniera.

Consideriamo due triangoli ABC e DBC aventi stessa base BC e stessa altezza relativa (Figura 27); la retta r passante per A e D sarà quindi parallela a BC (in effetti l'enunciato originale della proposizione 37 è. «*Triangoli che siano posti sulla stessa base e fra le stesse parallele sono uguali* [equivalenti] *tra loro*»).

Riportiamo adesso su r due segmenti AE e DF uguali a BC. Si vengono così ad ottenere due parallelogrammi, $ACBE$ e $DFCB$, aventi stessa base e stessa altezza relativa i quali, in base al precedente teorema, sono equivalenti. Osserviamo

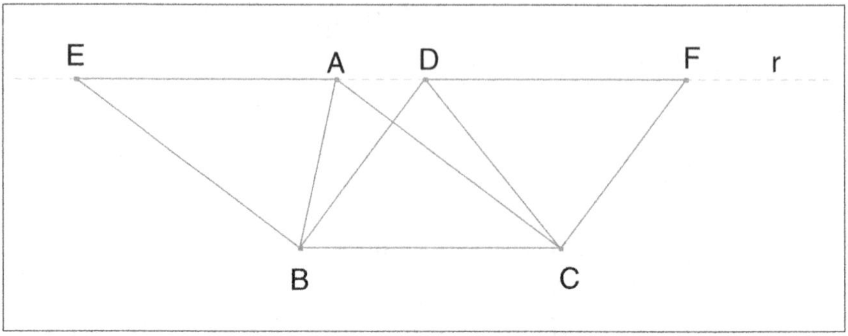

Figura 27: Equivalenza di triangoli con la stessa base e la stessa altezza

adesso che *AB* è una diagonale del parallelogramma *ACBE* la quale, in base ad una nota proprietà, lo divide in due triangoli uguali. Analogamente, *DC* è una diagonale del parallelogramma *DFCB* e lo divide in due triangoli uguali. Risulta pertanto che *ABC* e *DBC* sono metà di due parallelogrammi equivalenti e questo, in base alla sesta nozione comune del primo libro (*metà di cose uguali sono uguali*) è sufficiente per affermare l'equivalenza dei due triangoli. Ecco i passaggi della dimostrazione:

Ipotesi: i due triangoli hanno la stessa base e la retta r per gli altri due vertici è parallela alla base, la costruzione di Figura 27

1. $AE = DF = BC$ (ipotesi)
2. $ACBE \equiv DFCB$ (teorema sull'equivalenza dei parallelogrammi)
3. $ABC = ABE$ (proprietà dei parallelogrammi)
4. $DCB = DCF$(proprietà dei parallelogrammi)
5. **Tesi**: $ABC \equiv DCB$ (sesta nozione comune, 2, 3, 4)

Questo risultato può anche essere invertito (proposizione 39 del primo libro). Vale cioè il seguente teorema:

Due triangoli equivalenti con la stessa base hanno anche la stessa altezza.

La dimostrazione procede per assurdo (Figura 28). Sia *BC* la base comune dei due triangoli e *A* e *D* i rispettivi terzi vertici. Se le altezze di *ABC* e *DBC* non sono uguali allora la retta *r* passante per *A* e *D* non è parallela a *BC*. Se così non fosse si verrebbe infatti a formare un rettangolo in cui due lati opposti (le altezze dei due triangoli) non sono uguali. Tracciamo quindi per *A* la parallela r' a *BC* che incontra *BD* in *E*. I triangoli *ABC* e *EBC* hanno la stessa base e la stessa altezza, sono quindi equivalenti in base al precedente teorema. D'altra parte il triangolo *ABC* è anche equivalente al triangolo *DBC* per ipotesi, quindi per la transitività dell'equivalenza anche *DBC* e *EBC* sono equivalenti. Ma questo è assurdo in quanto *DBC* è diviso dal segmento *EC* nei due triangoli *EBC* e *ECD*, risulta pertanto che *EBC* è una parte di *DBC*, e una parte non può essere uguale al tutto (ottava nozione comune del primo libro).

Formalizziamo la dimostrazione:

Ipotesi: $ABC \equiv DBC$, base *BC* in comune

1. tesi negata: retta *r* per *A* e *D* non parallela a *BC*
2. r' per *A* parallela a *BC* e distinta da *r* (1)
3. $ABC \equiv EBC$ (ipotesi, teorema diretto, 2)
4. *BEC* parte di *BDC* (2)
5. *BEC* suvvalente a *BDC* (ottava nozione comune, 4)
6. $DBC \equiv EBC$ (ipotesi, 3)
7. assurdo (6, 5)
8. **Tesi**: *r* parallela a *BC* (7, 1).

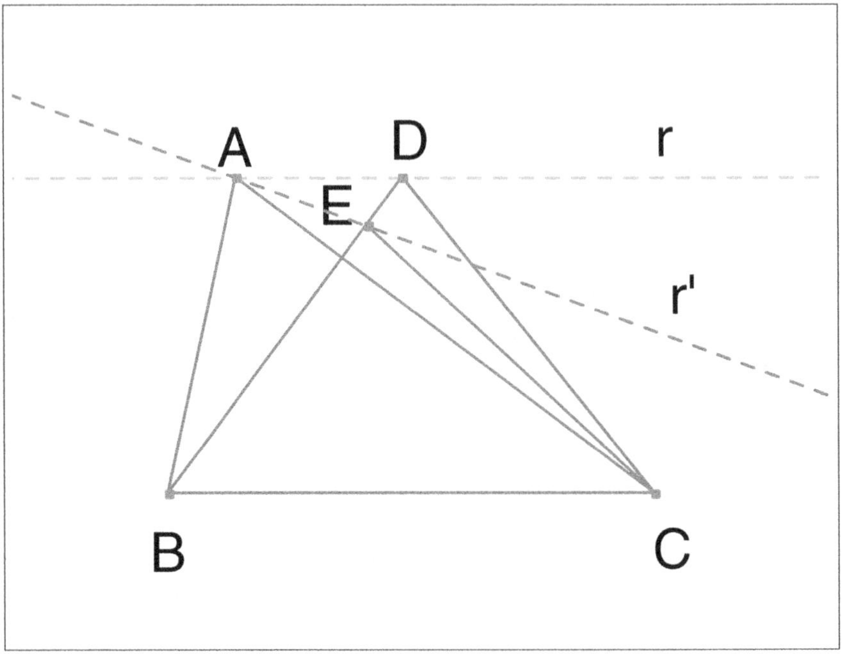

Figura 28: Uguaglianza delle altezze in triangoli equivalenti con la stessa base

6.3 Equivalenza tra triangoli e parallelogrammi

Vogliamo adesso indagare sotto quali condizioni si ha equivalenza tra un triangolo e un parallelogramma. Vale il seguente teorema:

> **Un parallelogramma avente la stessa base e la stessa altezza di un triangolo è equivalente al doppio del triangolo.**

Si tratta della proposizione 41 del primo libro (*se un parallelogramma ha la stessa base ed è compreso tra le stesse parallele da cui è compreso un triangolo, il parallelogramma è il doppio del triangolo*), per la cui dimostrazione ci riferiamo alla Figura

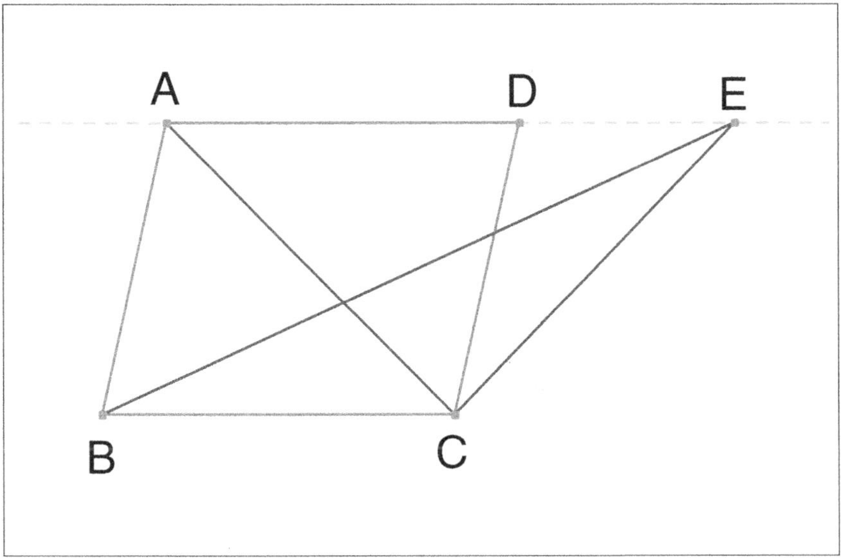

Figura 29: Equivalenza di parallelogramma e triangolo

29. Siano *ABCD* e *BCE* rispettivamente il parallelogramma e il triangolo; osserviamo che, in base all'ipotesi, il punto *E* appartiene alla retta del segmento *AD*. Consideriamo adesso il triangolo *ABC*: esso ha la stessa base *BC* di *BCE* e anche la stessa altezza (per ipotesi); in base al teorema sull'equivalenza di triangoli dimostrato sopra, i triangoli *ABC* e *BCE* sono pertanto equivalenti. Ora, *AC* è la diagonale del parallelogramma *ABCD* che – secondo la nota proprietà dei parallelogrammi – lo divide in due triangoli uguali. Il parallelogramma *ABCD* è scomponibile nei due triangoli uguali *ABC* e *ACD* ed è quindi equivalente al doppio di *ABC*, cioè al doppio di *BCE*.

Ecco i passaggi della dimostrazione:

Ipotesi: *ABCD* parallelogramma, *E* sulla retta di *AD*

1. $ABC \equiv BCE$ (teorema equivalenza triangoli stessa base e stessa altezza, ipotesi)
2. $ABC = ADC$ e $ABC + ADC = ABCD$ (proprietà dei parallelogrammi)
3. $ABCD \equiv 2\,(ABC)$ (2)
4. **Tesi**: $ABCD \equiv 2\,(BCE)$ (1, 3)

Questo teorema ha due importanti corollari:

Un triangolo è equivalente ad un parallelogramma avente la stessa altezza e metà della base.

Un triangolo è equivalente ad un parallelogramma con la stessa base e metà altezza.

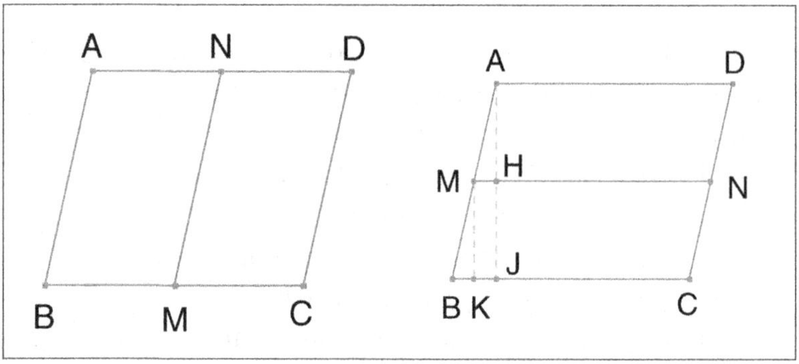

Figura 30: Scomposizione di un parallelogramma in due parallelogrammi con metà base (a sinistra) e con metà altezza (a destra)

La dimostrazione dei due corollari è immediata quando si osservi che unendo i punti medi di due lati opposti di un parallelogramma si ottengono due parallelogrammi identici, ciascuno dei quali è metà del parallelogramma di partenza e dunque equivalente al triangolo avente la stessa base e la stessa altezza del parallelogramma.

6.4 Problema svolto

Dimostriamo che *un trapezio è equivalente al triangolo avente per base la somma delle basi del trapezio e la stessa altezza.*

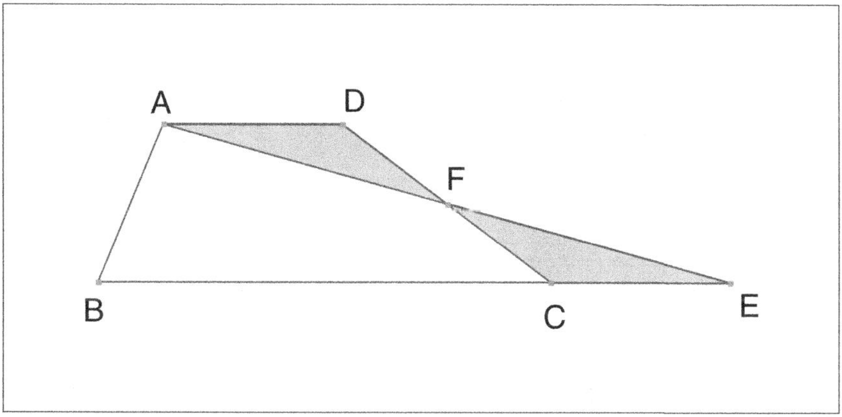

Figura 31: Equivalenza di un trapezio e un triangolo

Sia $ABCD$ il trapezio. Prolunghiamo la base BC di un segmento CE uguale a AD e uniamo A con E. Il segmento AE incontra il lato DC nel punto F. Consideriamo ora i triangoli AFD e CFE. Essi hanno: $AD = CE$ per costruzione, $F\hat{A}D = F\hat{E}C$ e $A\hat{D}F = F\hat{C}E$ in quanto angoli alterni interni che le parallele AD e BE formano con le trasversali AE e DC rispettivamente. Pertanto i due triangoli sono uguali in base al secondo criterio. Ora, il trapezio $ABCD$ si può scomporre nel quadrilatero $ABCF$ e nel triangolo AFD mentre il triangolo ABE si può scomporre nello stesso quadrilatero $ABCF$ e nel triangolo CFE che è uguale ad AFD. Il trapezio

ABCD e il triangolo *AFD* sono quindi equiscomponibili e dunque equivalenti.

Formalizziamo i passaggi della dimostrazione:

Ipotesi: la costruzione geometrica di Figura 31.

1. $AD = CE$ (ipotesi)
2. $F\hat{A}D = F\hat{E}C$ e $A\hat{D}F = F\hat{C}E$ (criterio inverso di parallelismo, ipotesi)
3. $AFD = CFE$ (secondo criterio, 1, 2)
4. $ABCD = ABCF + AFD$ (ipotesi)
5. $ABE = ABCF + FCE$ (ipotesi)
6. **Tesi**: $ABCD \equiv ABE$ (terzo postulato equivalenza, 4, 5, 3)

6.5 Verifiche di comprensione e conoscenza

1. Enuncia e dimostra il teorema sull'equivalenza di parallelogrammi
2. Enuncia e dimostra il teorema sull'equivalenza di triangoli
3. Enuncia e dimostra il teorema su triangoli equivalenti con la stessa base
4. Enuncia e dimostra il teorema sull'equivalenza tra triangoli e parallelogrammi
5. Enuncia i corollari del teorema sull'equivalenza tra triangoli e parallelogrammi
6. Enuncia e dimostra il teorema sull'equivalenza tra triangoli e trapezi

6.6 Problemi

1. Dimostra il teorema sull'equivalenza di parallelogrammi con la stessa base e la stessa altezza nel caso in

cui – con riferimento alla Figura 26 – i punti *D* ed *E* coincidano.

2. Dimostra il teorema sull'equivalenza di parallelogrammi con la stessa base e la stessa altezza nel caso in cui – con riferimento alla Figura 26 – il punto *D* si trovi a destra del punto *E*.
3. Dimostra che se due triangoli equivalenti hanno la stessa altezza, allora hanno anche la stessa base (*Suggerimento: procedi per assurdo e applica l'ottava nozione comune...*).
4. Dimostra che se due parallelogrammi equivalenti hanno la stessa base allora hanno anche la stessa altezza (*Suggerimento: procedi per assurdo e applica l'ottava nozione comune...*).
5. Dimostra che un triangolo è equivalente ad un parallelogramma avente la stessa altezza e metà della base.
6. Dimostra che un triangolo è equivalente ad un parallelogramma con la stessa base e metà altezza.
7. Dato il rettangolo *ABCD* siano *E* ed *F* i punti medi dei lati *AD* e *AB* rispettivamente. Dimostra che i due triangoli *AFD* e *ABE* sono equivalenti (*Suggerimento: considera il triangolo ADB...*).
8. Dimostra che la mediana divide un triangolo in due triangoli equivalenti.
9. Dimostra che un parallelogramma viene diviso dalle sue diagonali in quattro triangoli equivalenti.
10. Nel parallelogramma *ABCD* sia *M* il punto medio del lato *BC*. Dimostra che il triangolo *AMD* è equivalente a metà parallelogramma (*Suggerimento: traccia la parallela per M al lato AB che incontra AD in N e considera i triangoli MCD, NMD, AMN e ABM...*).
11. Nel trapezio *ABCD* di base maggiore *AB* sia *M* il punto

medio del lato AD. Dimostra che il triangolo BCM è equivalente a metà trapezio (*Suggerimento: prolunga CD, traccia per M la parallela a CB e fai riferimento al problema 10...*).

12. Dimostra che un poligono circoscritto ad una circonferenza è equivalente ad un triangolo avente per base il perimetro del poligono e per altezza il raggio del cerchio inscritto.
13. Sono dati i due triangoli ABC e $A'B'C'$ in cui $AB = A'B'$, $BC = A'C'$ e $A\hat{B}C = \pi - B'\hat{A}'C'$; dimostra che i due triangoli sono equivalenti.
14. Dimostra che i sei triangoli in cui viene suddiviso un triangolo dalle sue mediane sono tutti equivalenti tra loro.
15. Nel parallelogramma $ABCD$ considera il punto P sul lato DC. Dimostra che l'estensione superficiale della figura ottenuta dall'unione dei due triangoli APD e PBC è indipendente dalla posizione del punto P.
16. Dimostra che tra due triangoli aventi stessa base e altezze differenti è prevalente quello con altezza maggiore.
17. In un triangolo ABC siano M ed N rispettivamente i punti medi dei lati AC e BC. Dimostra che il trapezio $ABNM$ è equivalente al triplo del triangolo MNC.
18. Tra tutti i triangoli inscritti in una circonferenza, aventi per base una corda fissata e il terzo vertice variabile sulla circonferenza, qual è quello di massima estensione superficiale?
19. Dimostra che tra tutti i rettangoli di perimetro assegnato il quadrato è quello di estensione superficiale massima.
20. È dato il triangolo rettangolo ABC inscritto in una semicirconferenza di centro O e diametro AB. Sia s

la semiretta per *O* perpendicolare ad *AB*. Traccia la retta *r* per *C* parallela ad *AB* che incontra la semiretta *s* in *E* e la semicirconferenza nell'ulteriore punto *D*. Sia inoltre *F* la proiezione di *D* su *AB*. Dimostra che i due triangoli *OFC* e *ACE* sono equivalenti.

21. Dato il triangolo *ABC*, determina un punto *D* su *AB* e un punto *E* su *AC* in modo che i segmenti *ED* e *CD* dividano la figura in tre triangoli equivalenti (*Suggerimento: dopo aver scelto D in modo che ADC sia doppio di DCB, scegli E in modo che divida a metà ADC...*).
22. Dato un quadrilatero convesso qualsiasi *ABCD* siano *K*, *L*, *M*, *N* i punti medi dei suoi lati. Dimostra che il quadrilatero *KLMN* è equivalente alla metà di *ABCD*. (*Suggerimento: traccia una diagonale del quadrilatero e considera i due triangoli che così si vengono a formare...*).

LEZIONE 7

IL CONFRONTO DELLE SUPERFICI

7.1 Il problema del confronto di superfici e la trasformazione di poligoni equivalenti

Il confronto della lunghezza tra due segmenti è un problema molto semplice. Infatti tutti i segmenti "hanno la stessa forma", e per stabilire se due segmenti sono o meno uguali, basta portare a coincidere uno degli estremi e andare a vedere la posizione reciproca dell'altro. Nel caso delle superfici la situazione è più complessa. Infatti due poligoni possono avere forma diversa pur essendo equivalenti.

Per stabilire se due poligoni sono equivalenti si può cercare una scomposizione comune nello stesso insieme di poligoni. Se poi il secondo è composto dagli stessi poligoni del primo più qualche altro, diremo che esso è prevalente rispetto al primo.

Questa procedura tuttavia non è sempre applicabile poiché, dati due poligoni qualsiasi, non è detto che sia possibile individuare una tale scomposizione. Come fare allora per confrontare due poligoni nel caso generale? La soluzione al problema consiste nello stabilire dei procedimenti (cioè delle costruzioni geometriche) per trasformare un poligono qualsiasi in una figura di una determinata classe (ad esempio un rettangolo) che sia ad esso equivalente. Supponiamo quindi di avere due qualsiasi poligoni e di essere riusciti a costruire per ciascuno di essi il rettangolo equivalente di base assegnata. Per stabilire quale dei due poligoni ha superficie maggiore basterà quindi confrontare le altezze dei rettangoli. Vediamo quindi come sia possibile, a partire da un poligono qualsiasi, costruire un triangolo o un parallelogramma ad esso equivalente.

7.2 Trasformazione di un poligono in un rettangolo di base data

Il procedimento di riduzione di un poligono a un parallelogramma equivalente si compone di alcuni passaggi. Per prima cosa vedremo come costruire un parallelogramma avente gli angoli assegnati ed equivalente ad un triangolo dato. Costruiremo poi il parallelogramma avente gli angoli e la base assegnati ed equivalente ad un triangolo dato. Infine generalizzeremo questa costruzione dal caso del triangolo a quello di un poligono qualsiasi.

7.2.1 Costruzione del parallelogramma di angolo assegnato equivalente ad un triangolo

Dato un triangolo ABC ed un angolo α, costruire il parallelogramma equivalente al triangolo e avente uno degli angoli pari ad α.

Si tratta della proposizione 42 del primo libro che recita: «*costruire in un dato angolo rettilineo un parallelogramma uguale* [equivalente] *ad un triangolo dato*».

Dopo aver tracciato la retta s, parallela per C alla retta r del lato AB, dal punto medio M di AB e da B tracciamo due semirette formanti con r un angolo α che incontrano s in D ed E. Il quadrilatero $MBED$ è il parallelogramma che cercavamo. Esso è infatti un parallelogramma poiché le due coppie di rette r ed s e MD e BE sono parallele per costru-

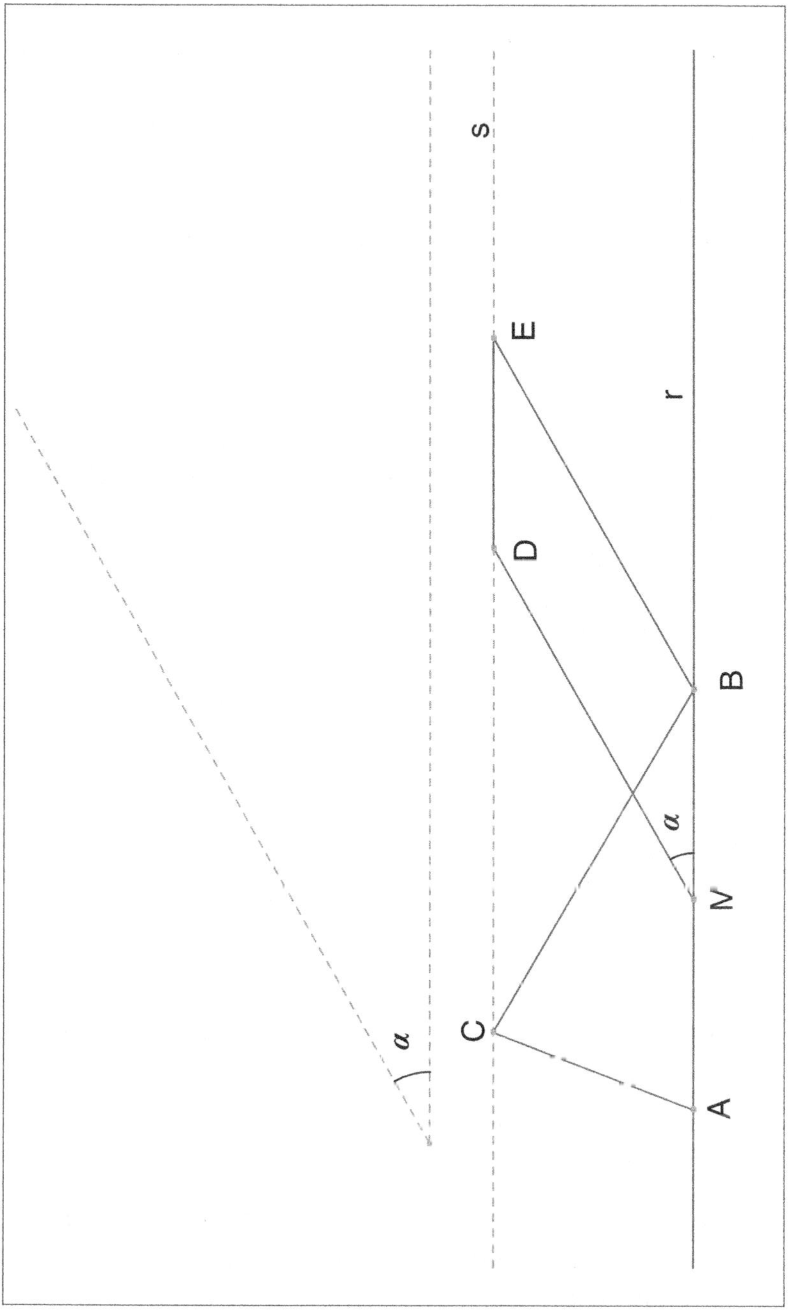

Figura 32: Parallelogramma con un angolo assegnato ed equivalente a un dato triangolo

zione; inoltre ha metà della base di *ABC* e la stessa altezza (cioè la distanza tra *r* ed *s*): in base al primo corollario del teorema sull'equivalenza tra triangoli e parallelogrammi è quindi equivalente ad *ABC*. Scriviamo i vari passi della costruzione (in riferimento alla Figura 32):

1. tracciare per *C* la retta *s* parallela alla retta *r* di *AB*
2. costruire il punto medio *M* di *AB*
3. copiare l'angolo α con un lato su *r* e il vertice in *M*
4. il punto *D* è l'intersezione tra l'altro lato dell'angolo e la retta *s*
5. copiare l'angolo α con un lato su *r* e il vertice in *B*
6. il punto *E* è l'intersezione tra l'altro lato dell'angolo e la retta *s*
7. *MBED* è il parallelogramma cercato

Riportiamo anche la formalizzazione della dimostrazione associata con questa costruzione geometrica:

Ipotesi: la costruzione geometrica vista sopra

1. *s* parallela ad *r* (ipotesi)
2. *MD* parallelo *BE* (ipotesi)
3. *MBED* parallelogramma (definizione di parallelogramma)
4. *MB* metà di *AB* (ipotesi)
5. *ABC* e *MBED* stessa altezza (distanza comune rette parallele, 1)
6. **Tesi**: $ABC \equiv MBED$ (primo corollario del teorema sull'equivalenza di triangoli e parallelogrammi, 4, 5)

7.2.2 Il teorema dello gnomone

Per la successiva costruzione (parallelogramma di lato e angolo assegnati equivalente a un triangolo dato) occorre un risultato riguardante l'equivalenza di parallelogrammi.

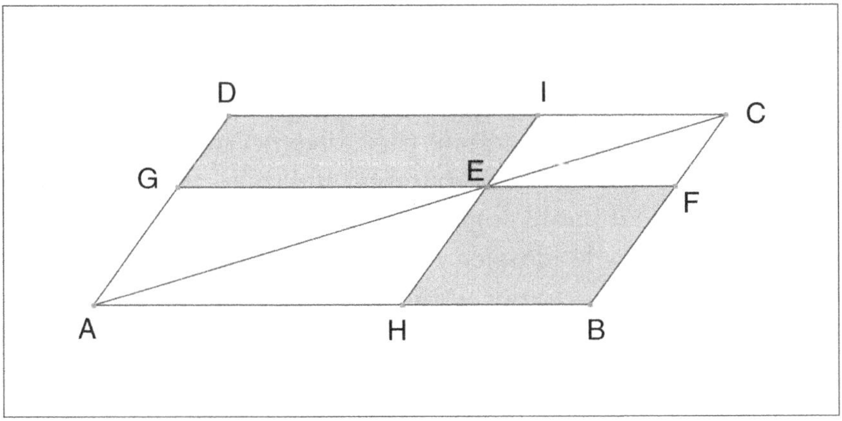

Figura 33: Il teorema dello gnomone

La situazione è quella illustrata nella Figura 33 Nel parallelogramma *ABCD* sia *E* un punto qualsiasi della diagonale *AC*. Da *E* tracciamo le due parallele ai lati, ottenendo così una suddivisione della figura originaria in quattro parallelogrammi di cui – seguendo la terminologia originale di Euclide – due (*AHEG* e *IEFC* nella Figura 33) sono "posti intorno alla diagonale" e gli altri due (*GEID* e *HBFE*) sono "i loro complementi". Vogliamo dimostrare che i due complementi sono equivalenti. Vale cioè il seguente teorema:

Preso un punto di una diagonale di un parallelogramma e tracciate per esso le parallele ai lati, dei quattro parallelogrammi in cui risulta diviso il parallelogramma di partenza, i due che non sono attraversati dalla diagonale risultano tra loro equivalenti.

È questa la proposizione 43 del primo libro, che recita esattamente: «*In ogni parallelogramma i complementi dei parallelogrammi posti intorno alla diagonale sono uguali* [equivalenti] *tra loro*».

Questo teorema è noto anche come *teorema dello gnomone*. Lo gnomone è infatti definito come la figura che si ottiene sottraendo da un parallelogramma uno dei parallelogrammi posti intorno alla diagonale (nel disegno di Figura 33 uno gnomone sarebbe ad esempio dato dal quadrilatero concavo *EHBCDG*). Se il parallelogramma di partenza è un rettangolo, lo gnomone ha la classica forma di una squadra. Pare che l'etimologia del termine "gnomone" vada ricondotta al verbo conoscere, in quanto l'ago degli orologi solari (che permetteva appunto di conoscere l'ora) aveva la forma di una squadra.

Per la dimostrazione di questo teorema, osserviamo che la diagonale *AC* divide il parallelogramma *ABCD* in due triangoli uguali. D'altra parte anche *AE* ed *EC* dividono in due triangoli uguali i parallelogrammi *AHEG* e *EFCI* rispettivamente. Se ora dal triangolo *ACD* togliamo i due triangoli *AEG* ed *ECI* rimane il parallelogramma *GEID*. Analogamente, se dal triangolo *ABC* togliamo i triangoli *AHE* ed *EFC* otteniamo il parallelogramma *HBFE*. Ma i triangoli *AEG* e *AHE* sono uguali e quindi equivalenti, come pure i triangoli *ECI* ed *EFC*. Poiché dunque da due triangoli equivalenti abbiamo tolto triangoli equivalenti, le figure che rimangono sono a loro volta equivalenti (in base al terzo postulato dell'equivalenza). Formalizziamo i vari passaggi della dimostrazione:

Ipotesi: *ABCD* parallelogramma, *E* punto qualsiasi della diagonale *AC*, *GF* e *HI* parallele ai lati passanti per *E*

1. $ABC = ACD$ (ipotesi, proprietà parallelogrammi)
2. $AHE = AEG$ (ipotesi, proprietà parallelogrammi)
3. $EFC = ECI$ (ipotesi, proprietà parallelogrammi)
4. $ABC - AHE - EFC \equiv ACD - AEG - ECI$ (III postulato equivalenza, 1, 2, 3)
5. **Tesi**: $GEID \equiv HBFE$ (4)

7.2.3 Costruzione di un parallelogramma di lato e angolo assegnati equivalente ad un triangolo dato

Dato un triangolo *DBC*, un segmento *b* ed un angolo *α*, costruire il parallelogramma equivalente a *DBC* ed avente uno dei lati pari ad *b* e uno degli angoli pari ad *α*

Rispetto alla precedente costruzione, quella del parallelogramma equivalente a un triangolo dato e con angolo fissato, adesso abbiamo un ulteriore vincolo dato dal fatto che anche un lato del parallelogramma è assegnato. Questa costruzione è il punto centrale del programma che ci siamo dati all'inizio del presente capitolo, vale a dire trovare un metodo generale per ridurre due qualsiasi poligoni a figure equivalenti facilmente confrontabili. È chiaro infatti che se posso riportare due triangoli a parallelogrammi di angolo dato – ad esempio a rettangoli – e lato assegnato, per stabilire quale dei due triangoli ha estensione maggiore basterà confrontare l'altro lato dei due rettangoli. Infine, il passaggio da triangoli a poligoni qualunque è immediato, in quanto tracciando opportunamente le diagonali è sempre possibile scomporre un poligono in un certo numero di triangoli.

La costruzione che andiamo ad illustrare è esposta nella proposizione 44 del primo libro: «*applicare ad una retta* [segmento] *data, in un dato angolo rettilineo, un parallelogramma uguale* [equivalente] *ad un triangolo dato*».

Facendo riferimento alla Figura 34, sia *BDC* il triangolo dato. Costruiamo poi l'angolo *α* con un vertice in *B* e un lato sul prolungamento del lato *DB*. Dopo aver trovato il punto medio *M* di *DB* ed aver tracciato la retta *r* passante per *C* e parallela a *DB*, costruiamo il parallelogramma *MBEF* equivalente al triangolo *DBC* secondo la procedura già vista.

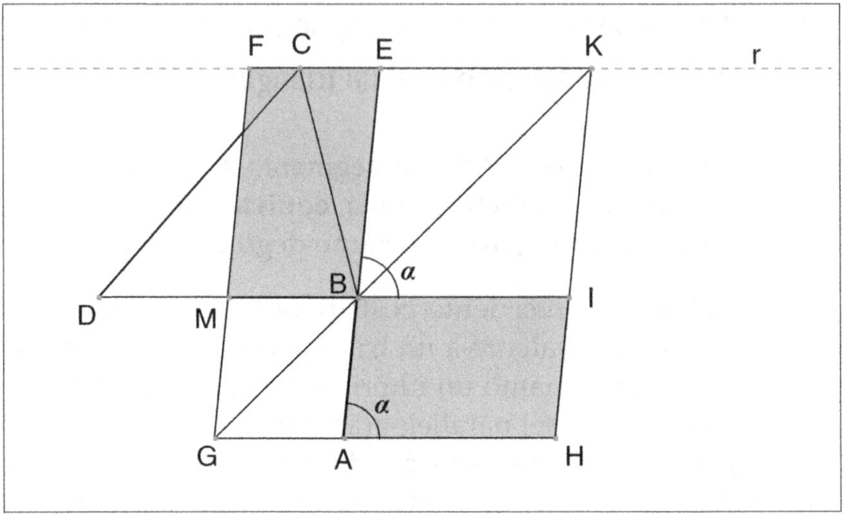

Figura 34: Parallelogramma con lato ed angolo assegnati equivalente ad un triangolo dato

Prolunghiamo poi *EB* di un tratto $BA = b$ e indichiamo con *G* il punto in cui la parallela a *DB* per *A* incontra il prolungamento di *FM* dalla parte di *M*. Tracciamo la retta per *G* e *B*, che incontrerà *r* in *K*. A questo punto tracciamo la parallela ad *EB* per *K* che incontra la retta per *G* e *A* in *H* e la retta per *D* e *B* in *I*. Il quadrilatero *AHIB* è il parallelogramma cercato.

Consideriamo infatti il quadrilatero *GHKF*, esso è un parallelogramma poiché abbiamo costruito *GH* e *FK* paralleli a *DB* e quindi paralleli tra loro, e analogamente *GF* e *HK* paralleli ad *AE*. Il punto *B* appartiene alla diagonale *GK* e siamo quindi nelle condizioni di applicazione del teorema dello gnomone, in base al quale i due parallelogrammi *AHIB* e *MBEF* sono equivalenti. Ma il triangolo *DBC* e il parallelogramma *MBEF* sono a loro volta equivalenti in base alla costruzione della proposizione 42. Pertanto, *AHIB* è un parallelogramma equivalente al triangolo DBC e che ha il lato $BA = b$ e l'angolo $B\hat{A}H = E\hat{B}I = \alpha$ (l'ultima uguaglianza segue dal fatto che $E\hat{B}I$ e $B\hat{A}H$ sono angoli corrispondenti delle parallele DI e GH tagliate dalla trasversale EA.

Nella esposizione originale di Euclide viene anche esplicitamente dimostrato che questa costruzione è sempre possibile. Infatti a priori non è detto che la retta per G e B incontri r; in tal caso non sarebbe possibile determinare il punto K e tracciare il parallelogramma $GHKF$. Tale eventualità viene però esclusa in base al seguente ragionamento: FK e GH sono parallele e quindi, tagliate dalla trasversale FG formano angoli coniugati interni KFG e FGH supplementari. Ora, FGB è minore di FGH poiché è una sua parte e quindi le rette FK e GB tagliate dalla trasversale FG formano angoli coniugati interni la cui somma è minore di due angoli retti; pertanto, in base al quinto postulato le due rette devono incontrarsi in un punto.

Formalizziamo i vari passi della costruzione:

1. costruzione del parallelogramma $MBEF$ equivalente al triangolo DBC secondo il procedimento della proposizione 42
2. riportare un segmento $BA = b$ sul prolungamento di EB
3. prolungare la retta FM
4. tracciare per A la parallela a DB
5. G = intersezione tra FM e la parallela a DB per A
6. tracciare GB
7. K = intersezione retta GB con r
8. tracciare per K parallela ad EB
9. I = intersezione retta per K parallela ad EB con il prolungamento di DB
10. H = intersezione retta KI retta GA

11. $AHIB$ = parallelogramma cercato

Riportiamo anche la formalizzazione della dimostrazione associata con questa costruzione geometrica:

Ipotesi: la costruzione geometrica vista sopra

1. $GHKF$ parallelogramma (ipotesi)
2. B sulla diagonale di $GHKF$
3. $MBEF \equiv DBC$ (costruzione parallelogramma di lato ed angolo assegnati equivalente ad un triangolo dato, ipotesi)
4. $AHIB \equiv MBEF$ (teorema dello gnomone, 2)
5. **Tesi**: $AHIB \equiv DBC$ (4, 3)

7.2.4 Costruzione di un parallelogramma di lato e angolo assegnati equivalente ad un poligono dato

Dato un poligono, un segmento *b* ed un angolo α, costruire il parallelogramma equivalente al poligono ed avente uno dei lati pari ad *b* e uno degli angoli pari ad α

Questa costruzione (proposizione 45) è una conseguenza diretta del risultato visto nel precedente paragrafo. Tracciando opportunamente le diagonali è infatti possibile suddividere qualsiasi poligono in un certo numero di triangoli e – scelto un segmento come lato e un angolo – costruire per ognuno di essi il parallelogramma equivalente. Infine, tutti i parallelogrammi così ottenuti possono essere composti per ottenere un unico parallelogramma equivalente al poligono di partenza.

Facendo infatti riferimento alla Figura 35 suddividiamo il quadrilatero $ABCD$ nei due triangoli ACD e ABC per mezzo della diagonale AC. Applicando il risultato visto nel precedente paragrafo costruiamo i parallelogrammi $EFGJ$

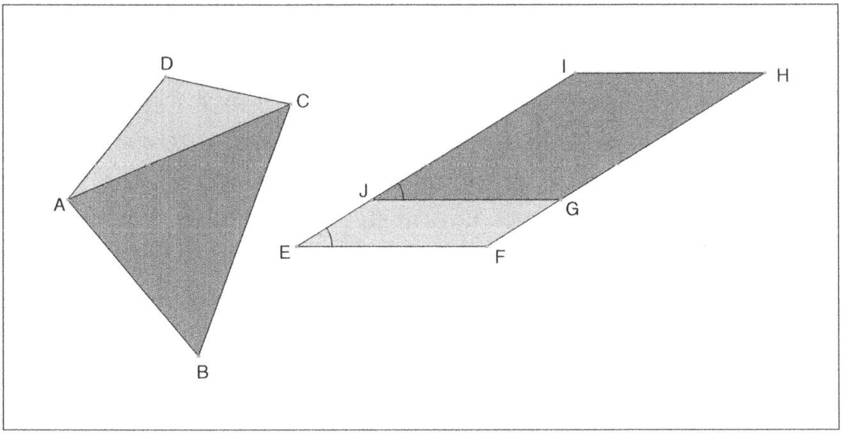

Figura 35: Parallelogramma di lato ed angolo assegnati equivalente ad un poligono dato

e *JGHI* equivalenti rispettivamente a *ACD* e *ABC* e tali che $EF = JG = b$ e $J\hat{E}F = I\hat{J}G = \alpha$, essendo b ed α segmento ed angolo dati. È immediato osservare che i due parallelogrammi possono essere "attaccati" per il lato *JG*, ottenendo così un unico parallelogramma *EFHI* che – in base al terzo postulato dell'equivalenza è equivalente al quadrilatero *ABCD*.

7.3 Applicazione delle aree

Una classe di problemi molto importanti nella matematica greca riguarda la cosiddetta *applicazione delle aree*. Si tratta di costruire un rettangolo nota la sua superficie e una ulteriore informazione sui lati. Questi problemi, affrontati e risolti per via geometrica, sono suscettibili anche di una trattazione algebrica e vengono ridotti ad equazioni di primo e di secondo grado.

La costruzione vista sopra di un rettangolo (più in generale di un parallelogramma con angolo assegnato) equivalente ad un dato poligono e con un lato fissato, risolve il problema della *applicazione parabolica di aree.* Nella formulazione algebrica di questo problema viene direttamente data una delle due dimensioni del rettangolo, e l'altra si trova risolvendo un'equazione di primo grado. Applicando i ben noti risultati della geometria elementare infatti, detta S l'area del rettangolo e b uno dei lati, si ottiene l'altro lato x dall'equazione: $S = bx$.

Oltre a questa, si hanno altre due tipologie di problemi, note come applicazione *iperbolica* ed *ellittica* delle aree. Si tratta sempre di costruire un rettangolo di superficie assegnata, ma mentre nel primo caso l'informazione aggiuntiva consiste nella differenza tra le due dimensioni, nel secondo viene data la somma dei lati. È facile vedere che la traduzione algebrica di entrambi i problemi conduce ad equazioni di secondo grado.

7.4 Una soluzione alternativa al problema della trasformazione di poligoni in altri equivalenti

La strada che passa per la scomposizione in triangoli e la successiva trasformazione di questi non è l'unico modo per ridurre un poligono ad un rettangolo equivalente di lato assegnato; un procedimento alternativo consiste nel costruire – dato un poligono di n lati – un poligono equivalente di $n - 1$ lati, ripetere la costruzione fino ad arrivare a un triangolo e trasformare quest'ultimo in un altro triangolo ad esso equivalente con base assegnata, il quale sarà a sua volta equivalente al rettangolo con la stessa base e metà altezza.

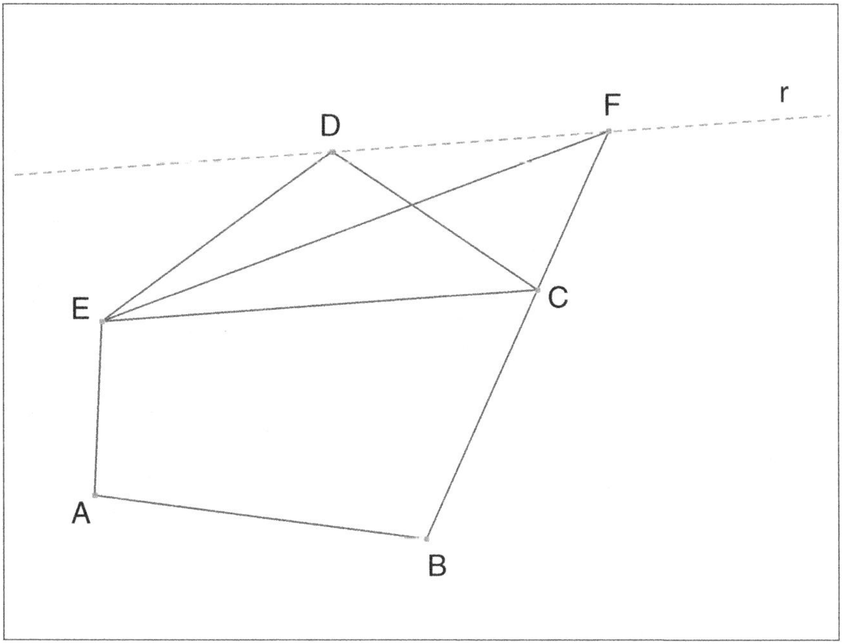

Figura 36: Trasformazione di un pentagono in un quadrilatero equivalente

7.4.1 Trasformazione di un poligono in un altro equivalente con un lato in meno

Dato un poligono di n lati costruire un poligono di $n-1$ lati equivalente al primo

Consideriamo, per fissare le idee, il pentagono *ABCDE* di Figura 36 ed eseguiamo nell'ordine le seguenti operazioni:

1. tracciare la diagonale *EC*
2. tracciare la retta *r* passante per *D* e parallela ad *EC*
3. prolungare il lato *BC*
4. l'intersezione tra la retta *r* e il prolungamento di *BC* è il quarto vertice del quadrilatero *ABFE* equivalente al

pentagono di partenza.

Infatti, il pentagono *ABCDE* e il quadrilatero *ABFE* sono composti dallo stesso quadrilatero *ABCE* e dai due triangoli *ECD* ed *ECF* rispettivamente. Ora, questi triangoli sono equivalenti poiché hanno la stessa base *EC* e la stessa altezza data dalla distanza tra le due rette parallele *r* e *EC*. Quindi, il pentagono *ABCDE* e il quadrilatero *ABFE* essendo scomponibili in poligoni equivalenti sono a loro volta equivalenti. Formalizziamo la dimostrazione:

Ipotesi: la costruzione geometrica vista sopra

1. $ABCDE \equiv ABCE + ECD$ (terzo postulato equivalenza, ipotesi)
2. $ABFE \equiv ABCE + ECF$ (terzo postulato equivalenza, ipotesi)
3. $ECD \equiv ECF$ (teor. equivalenza triangoli stessa base e stessa altezza, ipotesi)
4. **Tesi**: $ABCDE \equiv ABFE$ (terzo postulato equivalenza, 1, 2, 3)

7.4.2 Trasformazione di un triangolo in un altro triangolo ad esso equivalente ed avente base assegnata

Una volta applicata ripetutamente la costruzione vista sopra fino ad arrivare ad un triangolo, occorre costruire un rettangolo di lato assegnato equivalente a quel triangolo. Se quindi si riesce a costruire un secondo triangolo, equivalente al primo e di base doppia rispetto a quella del rettangolo, l'altezza del rettangolo stesso sarà uguale a quella di tale triangolo. Due poligoni diversi potranno quindi essere ridotti a rettangoli con la stessa base e quindi confrontati semplicemente confrontando le altezze dei rettangoli corrispondenti. Vediamo quindi come costruire un triangolo equivalente a un triangolo dato e di base assegnata.

Dato un triangolo costruirne un altro equivalente al primo ed avente per base un segmento assegnato

Sia *ABC* il triangolo di partenza e *AD* la base del nuovo triangolo (Figura 37). I passi da seguire sono i seguenti:

1. tracciare il segmento *DC*
2. tracciare la retta *r* parallela a *CD* passante per *B* che incontra il lato *AC* in *E*
3. unire *E* con *D*; *AED* è il triangolo cercato

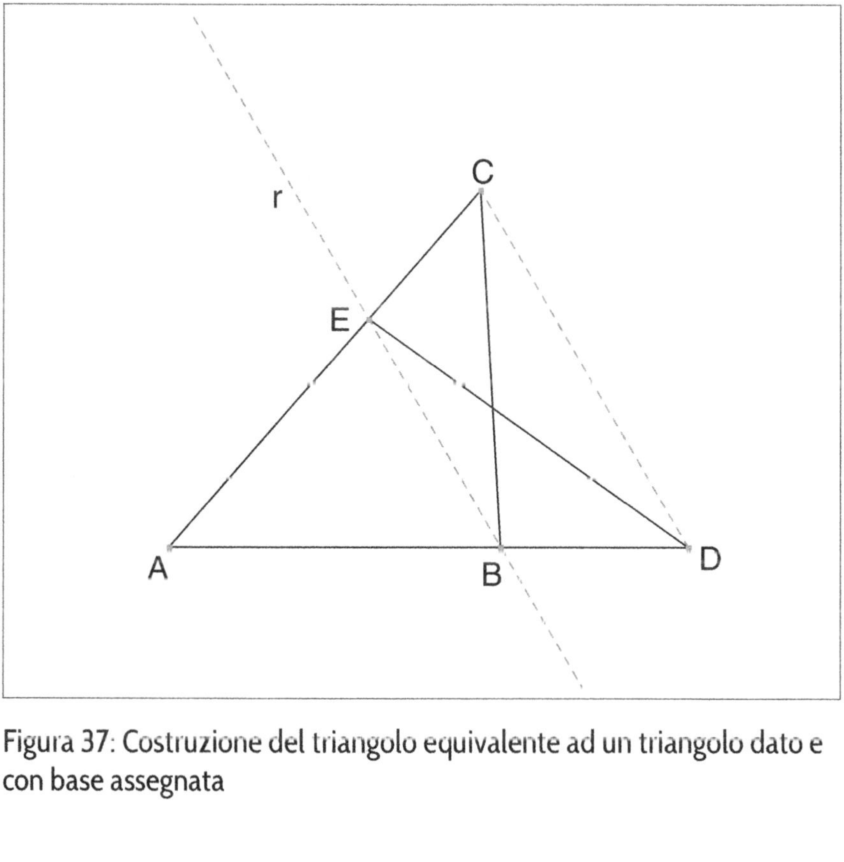

Figura 37: Costruzione del triangolo equivalente ad un triangolo dato e con base assegnata

Infatti i triangoli *CEB* e *EBD* sono equivalenti in quanto hanno la stessa base (*EB*) e la stessa altezza (la distanza tra la retta *r* e *CD*). Pertanto i triangoli *ADE* e *ABC* sono equiscomponibili e quindi equivalenti, dato che possono essere scomposti nel triangolo comune *ABE* e nei triangoli *EBD* ed *EBC* rispettivamente. Formalizziamo la dimostrazione:

Ipotesi: la costruzione geometrica vista sopra

1. $ABC \equiv ABE + EBC$ (ipotesi)
2. $ADE \equiv ABE + EBD$ (ipotesi)
3. $EBC \equiv EBD$ (teor. equivalenza triangoli stessa base e stessa altezza, ipotesi)
4. **Tesi**: $ABC \equiv ADE$ (terzo postulato equivalenza, 1, 2, 3)

Nel disegno di Figura 37 la base *AD* del secondo triangolo è maggiore di *AB*; la costruzione nel caso in cui *AD* sia minore di *AB* è del tutto analoga e viene lasciata come esercizio.

7.4.3 Trasformazione di un triangolo in un altro triangolo ad esso equivalente ed avente altezza assegnata

A titolo di completezza, illustriamo anche come costruire un triangolo equivalente ad un triangolo dato avente altezza assegnata.

Dato un triangolo costruirne un altro equivalente al primo ed avente altezza assegnata

Con riferimento alla Figura 38 sia *ABC* il triangolo di partenza e l'altezza del nuovo triangolo sia pari alla distanza tra le parallele *r* e *AB*. La costruzione avviene secondo i seguenti passi:

1. prolungare il lato *AC* fino ad incontrare *r* in *D*
2. tracciare il segmento *BD*
3. tracciare la parallela a *BD* passante per *C* che incontra il lato *AB* in *E*
4. unire *E* con *D*; *AED* è il triangolo cercato

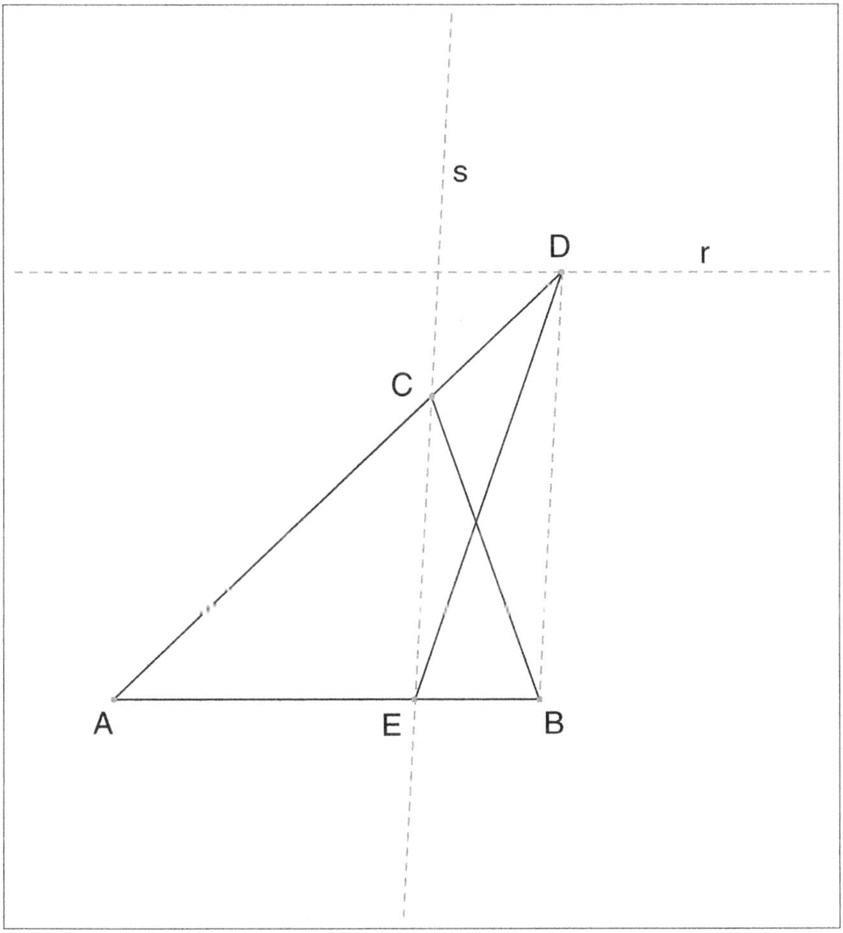

Figura 38: Costruzione del triangolo equivalente ad un triangolo dato e con altezza assegnata

Infatti i triangoli *CEB* e *CED* sono equivalenti in quanto hanno la stessa base (*EC*) e la stessa altezza (la distanza tra le rette parallele *DB* e *CE*); ma la somma di *CEB* con *AEC* dà *ABC* mentre lo stesso triangolo *AEC* sommato con *CED* dà *AED*. Pertanto i due triangoli *ABC* e *AED* sono equiscomponibili e quindi equivalenti. Formalizziamo la dimostrazione:

Ipotesi: la costruzione geometrica vista sopra

1. $ABC \equiv AEC + EBC$ (ipotesi)
2. $AED \equiv AEC + EDC$ (ipotesi)
3. $CED \equiv CEB$ (teor. equivalenza triangoli stessa base e stessa altezza, ipotesi)
4. **Tesi**: $ABC \equiv ADE$ (terzo postulato equivalenza, 1, 2, 3)

Nel disegno di Figura 38 l'altezza del secondo triangolo è maggiore di quella di *ABC*; la costruzione nel caso opposto è del tutto analoga e viene lasciata come esercizio.

7.5 Verifiche di comprensione e conoscenza

1. Come si confrontano tra loro due segmenti?
2. Perché il confronto delle superfici è più complesso di quello dei segmenti?
3. Come si procede volendo confrontare le superfici di due poligoni?
4. Come si confrontano due poligoni quando non è possibile individuare una scomposizione comune?
5. Una volta che due poligoni sono stati ridotti ai rettangoli equivalenti con la stessa base, come si stabilisce quale dei due è prevalente rispetto all'altro?
6. Enuncia i passaggi della costruzione del parallelogramma di angolo assegnato equivalente ad un trian-

golo dato e dimostra la validità della costruzione.

7. Dato un parallelogramma, una sua diagonale ed un punto su di essa, come si definiscono i parallelogrammi posti intorno alla diagonale ed i loro complementi?
8. Enuncia e dimostra il teorema dello gnomone.
9. Che cos'è lo gnomone?
10. Enuncia i passaggi della costruzione del parallelogramma di lato ed angolo assegnati equivalente ad un triangolo dato e dimostra la validità della costruzione.
11. Enuncia i passaggi della costruzione di un parallelogramma di lato ed angolo assegnati equivalente ad un poligono dato.
12. Che cosa si intende per "problema dell'applicazione delle aree"?
13. Che cos'è l'applicazione parabolica di aree?
14. Che equazione si ottiene nella formulazione algebrica del problema della applicazione parabolica di aree?
15. Che cosa sono l'applicazione iperbolica ed ellittica di aree?
16. Che equazioni si ottengono nella formulazione algebrica dei problemi di applicazione iperbolica ed ellittica di aree?
17. Quale altra strada si può seguire per trasformare un poligono qualsiasi in un rettangolo di base assegnata?
18. Enuncia i passaggi della costruzione geometrica per trasformare un poligono di n lati in un altro poligono di $n - 1$ lati ad esso equivalente e dimostra la validità della costruzione.
19. Enuncia i passaggi della costruzione geometrica per trasformare un triangolo in un altro di base assegnata ad esso equivalente e dimostra la validità della costruzione.
20. Enuncia i passaggi della costruzione geometrica per

trasformare un triangolo in un altro di altezza assegnata ad esso equivalente e dimostra la validità della costruzione.

7.6 Problemi

1. Enuncia e dimostra la procedura per confrontare tra loro due rettangoli con la stessa base.
2. Dimostra che un triangolo rettangolo è equivalente al rettangolo avente per lati il raggio della circonferenza circoscritta e l'altezza relativa all'ipotenusa.
3. Detta S la superficie del rettangolo e p la somma dei lati, ricava l'equazione algebrica che risolve il problema dell'applicazione ellittica di aree (*Nota: si tratta del noto problema di determinare due numeri dati il loro prodotto e la loro somma*).
4. Detta S la superficie del rettangolo e d la differenza dei lati, ricava l'equazione algebrica che risolve il problema dell'applicazione iperbolica di aree.
5. Dopo aver disegnato un esagono regolare, applica ripetutamente la costruzione per trasformare un poligono in un altro equivalente con un lato in meno fino ad ottenere un triangolo.
6. Ricopia la Figura 39 su un foglio a quadretti e, applicando uno dei due procedimenti visti, riporta i due poligoni a rettangoli equivalenti e stabilisci se sono equivalenti e in caso contrario quale dei due è prevalente.
7. Applicando la costruzione per trasformare un poligono in un altro equivalente con un lato in meno, dimostra che il quadrato è equivalente al triangolo rettangolo avente un cateto pari al doppio del lato del quadrato e l'altro uguale al lato del quadrato.

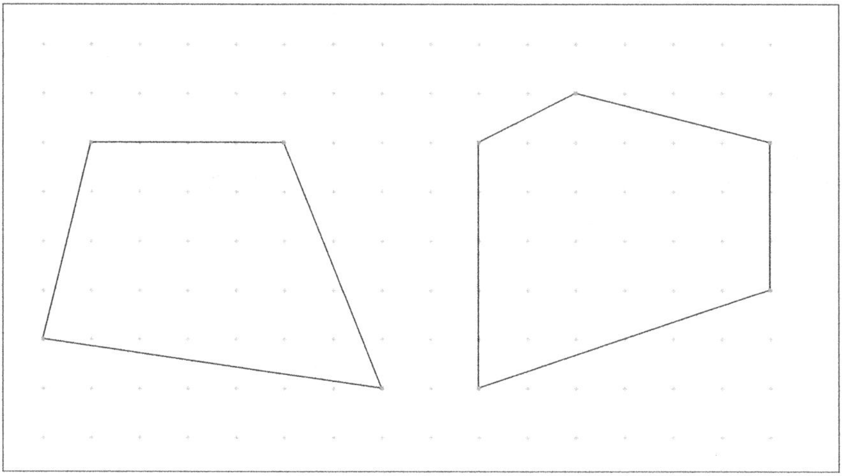

Figura 39: Problema n. 6

8. Ripeti la costruzione illustrata in Figura 37 nel caso in cui *AD* sia minore di *AB*.
9. Ripeti la costruzione illustrata in Figura 38 nel caso in cui l'altezza del secondo triangolo sia minore di quella di *ABC*.
10. Dato un triangolo costruiscine un altro, equivalente al primo, che abbia due lati assegnati. È sempre possibile risolvere questo problema?
11. Dati due triangoli costruiscine un terzo equivalente alla somma dei primi due.
12. Trasforma un parallelogramma dato in un altro ad esso equivalente aventi i lati assegnati. È sempre possibile risolvere questo problema?
13. Dato un triangolo *ABC* e un punto *P* del lato *AB* determina la retta *r* passante per *P* che divida il triangolo in due parti equivalenti (*Suggerimento: se ad esempio P è più vicino a B, detto M il punto medio di AB e D l'intersezione di r con AC, si tratta di fare in modo che AMC e*

APD siano equivalenti...).

14. Dato un quadrato *ABCD* e un punto *P* sul lato *AB*, più vicino ad *A*, determina una retta *r* passante per *P* che incontri il lato *BC* in *E* in modo che il triangolo *PEB* sia equivalente alla quarta parte del quadrato (*Suggerimento: fai riferimento al problema precedente...*).

LEZIONE 8

IL TEOREMA DI PITAGORA

8.1 Il teorema più famoso di tutta la geometria

Non c'è dubbio che il teorema che porta il nome di Pitagora (anche se l'attribuzione al grande matematico è molto discutibile) sia il risultato più celebre della storia della matematica. Esso era sicuramente noto a culture anteriori a quella greca classica, in particolare ad egizi, indiani, cinesi. La testimonianza più antica è però probabilmente quella di una tavoletta di argilla babilonese risalente a circa 3000 anni orsono. Sta di fatto che, anche se popoli più antichi avevano intuito la validità della relazione tra i lati di un triangolo rettangolo, furono i greci a darne la prima dimostrazione nota, che troviamo alla proposizione 47 del primo libro degli *Elementi* di Euclide, la quale letteralmente recita:

> **Nei triangoli rettangoli il quadrato del lato opposto all'angolo retto è uguale [*equivalente*] alla somma dei quadrati dei lati che comprendono l'angolo retto**

8.1.1 Un lemma (il primo teorema di Euclide)

Per rendere più chiara la dimostrazione, la suddivideremo in due parti: la prima è un lemma (tradizionalmente noto come primo teorema di Euclide), a partire dal quale segue facilmente la seconda, cioè il teorema di Pitagora vero e proprio. Enunciamo dunque e dimostriamo il seguente teorema:

In un triangolo rettangolo il quadrato costruito su un cateto è equivalente al rettangolo che ha per lati la proiezione di quel cateto sull'ipotenusa e tutta l'ipotenusa

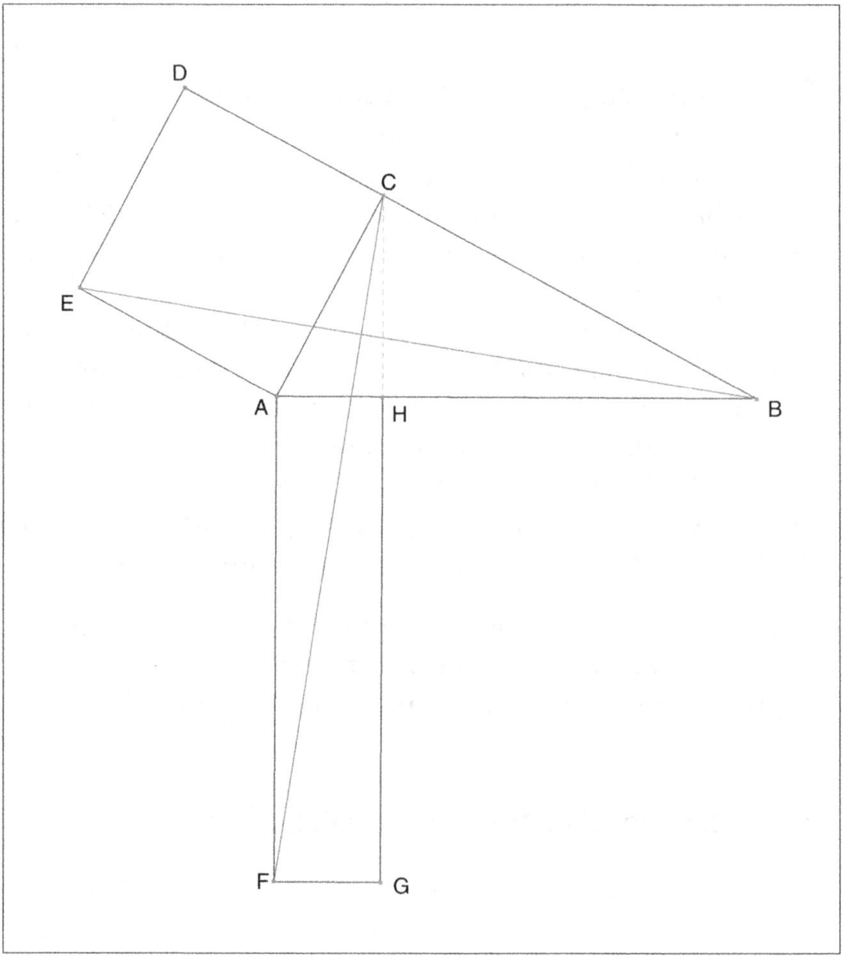

Figura 40: Il primo teorema di Euclide

Per la dimostrazione facciamo riferimento alla Figura 40.

Sopra il cateto AC costruiamo il quadrato $ACDE$, mentre sulla proiezione AH costruiamo il rettangolo $AHGF$ in cui $AF = AB$. Tracciamo poi i segmenti CF ed EB e consideriamo i triangoli ABE e AFC. Essi sono uguali per il primo criterio di uguaglianza dei triangoli. Infatti: $AF = AB$; $AC = AE$; $F\hat{A}C = F\hat{A}B + C\hat{A}B = \frac{\pi}{2} + C\hat{A}B$, ma anche $E\hat{A}B = E\hat{A}C + C\hat{A}B = \frac{\pi}{2} + C\hat{A}B$. Ora, il rettangolo $AHGF$ e il triangolo AFC hanno la stessa base (AF) e la stessa altezza (la distanza tra le due rette parallele AF e CG); il rettangolo è dunque equivalente al doppio del triangolo. Inoltre, il quadrato $ACDE$ e il triangolo ABE hanno la stessa base (EA) e la stessa altezza (la distanza tra le due rette parallele EA e BD), pertanto il quadrato sarà equivalente al doppio del triangolo. Formalizziamo i passaggi della dimostrazione:

Ipotesi: il triangolo ABC è rettangolo; la costruzione di Figura 40

1. $AF = AB$ (ipotesi)
2. $AC = AE$ (ipotesi)
3. $F\hat{A}C = F\hat{A}B + C\hat{A}B = \frac{\pi}{2} + C\hat{A}B$ (ipotesi)
4. $E\hat{A}B = E\hat{A}C + C\hat{A}B = \frac{\pi}{2} + C\hat{A}B$ (ipotesi)
5. $E\hat{A}B = F\hat{A}C$ (prima nozione comune, 3, 4)
6. $EAB = AFC$ (primo criterio di uguaglianza dei triangoli, 1, 2, 5)
7. $EAB \equiv AFC$ (primo postulato dell'equivalenza, 6)
8. $2EAB \equiv ACDE$ (teorema equivalenza triangoli e parallelogrammi, ipotesi)
9. $2AFC \equiv AFGH$ (teorema equivalenza triangoli e parallelogrammi, ipotesi)
10. **Tesi:** $ACDE \equiv AFGH$ (secondo postulato dell'equivalenza, 7, 8, 9)

8.1.2 Il teorema

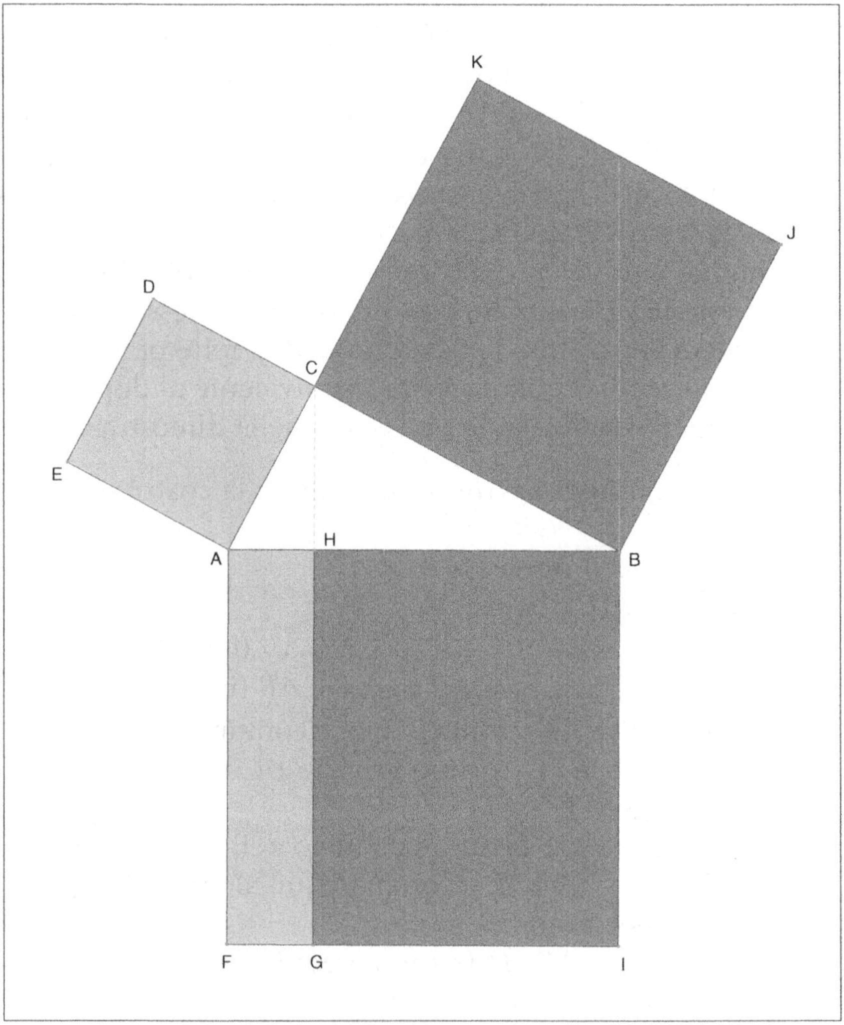

Figura 41: Il teorema di Pitagora

La dimostrazione del teorema segue facilmente dal lemma. Consideriamo infatti la Figura 41. Nel triangolo *ABC* applichiamo il primo teorema di Euclide ad entrambi i cateti. Avremo quindi che il quadrato *ACDE* è equivalente al rettangolo *AFGH*, mentre il quadrato *CBJK* è equivalente al rettangolo *HGIB*. In base al terzo postulato dell'equivalenza avremo quindi che la somma dei due quadrati *ACDE* e *CBJK* è equivalente alla somma dei due rettangoli *AFGH* e *HGIB*, cioè al quadrato *AFIB*.

Formalizziamo i passaggi della dimostrazione:

Ipotesi: il triangolo *ABC* è rettangolo; la costruzione di Figura 41

1. $ACDE \equiv AFGH$ (primo teorema di Euclide, ipotesi)
2. $CBJK \equiv HGIB$ (primo teorema di Euclide, ipotesi)
3. **Tesi**: $AFIB \equiv ACDE + CBJK$ (terzo postulato equivalenza, 1, 2)

8.1.3 Il secondo teorema di Euclide

Oltre al teorema di Pitagora, dal primo teorema di Euclide segue anche un altro importante corollario, universalmente noto come *secondo teorema di Euclide*. Esso afferma che:

In un triangolo rettangolo il quadrato costruito sull'altezza relativa all'ipotenusa è equivalente al rettangolo avente per lati le proiezioni dei cateti sull'ipotenusa

Ritroviamo questo risultato come costruzione geometrica (del quadrato equivalente ad un rettangolo dato) nella proposizione 14 del II libro, tuttavia la dimostrazione che ne daremo è semplificata rispetto a quella originale di Euclide.

Applicando il primo teorema di Euclide al cateto *AC* del triangolo rettangolo *ABC* della Figura 42 si ha che il quadrato *ACDE* è equivalente al rettangolo *AFGH*, in cui

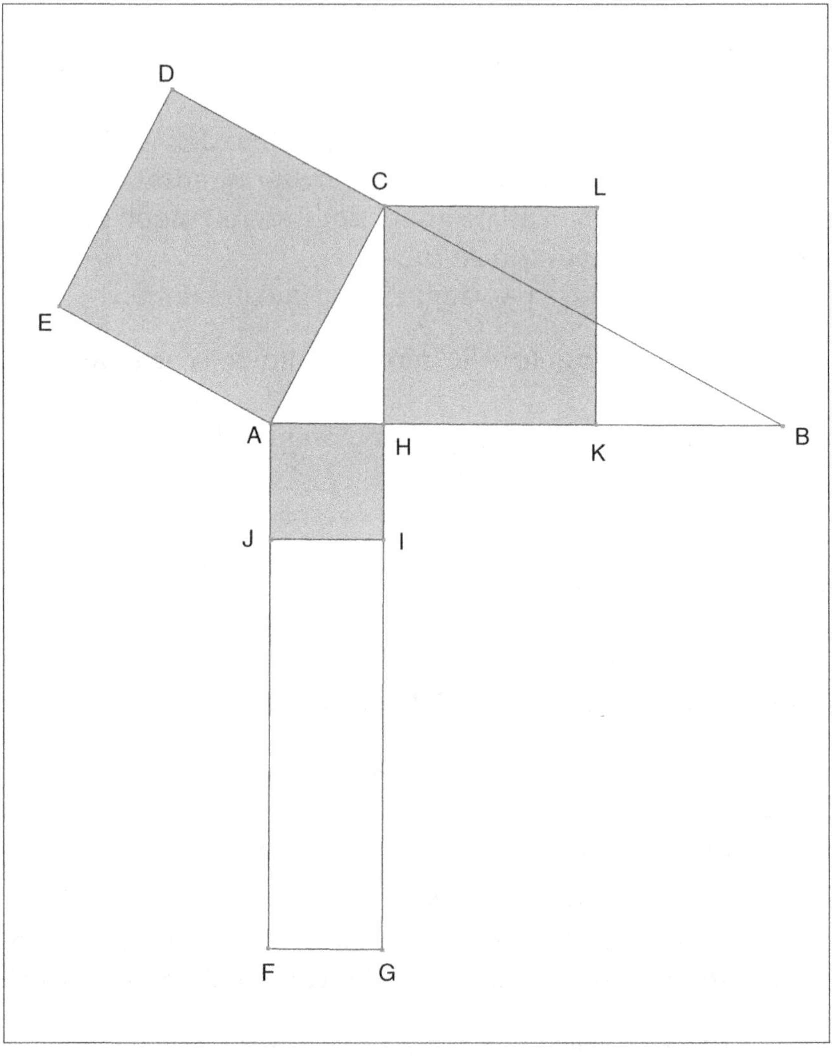

Figura 42: Il secondo teorema di Euclide

AF è uguale all'ipotenusa *AB*. Il rettangolo *AFGH* a sua volta è dato dalla somma del quadrato *AJIH* (di lato la proiezione *AH* del cateto *AC* sull'ipotenusa) con il rettangolo *JFGI* (avente per dimensioni le proiezioni dei cateti sull'ipotenusa).

Ora, considerando il triangolo rettangolo *ACH*, il quadrato *ACDE* è anche equivalente – in base al teorema di Pitagora – alla somma dei quadrati *AJIH* e *HKLC*. Pertanto, in base alla transitività dell'equivalenza: $AJIH + JFGI \equiv AJIH + HKLC$, e quindi sottraendo la stessa figura *AJIH* si ottiene la tesi.

Formalizziamo i passaggi della dimostrazione:

> **Ipotesi**: il triangolo *ABC* è rettangolo; la costruzione di Figura 42
> 1. $ACDE \equiv AFGH$ (primo teorema di Euclide, ipotesi)
> 2. $AFGH = AJIH + JFGI$ (ipotesi)
> 3. $ACDE \equiv AJIH + JFGI$ (1, 2)
> 4. $ACDE \equiv AJIH + HKLC$ (teorema di Pitagora, ipotesi)
> 5. $AJIH + JFGI \equiv AJIH + HKLC$ (secondo postulato equivalenza, 3, 4)
> 6. **Tesi**: $JFGI \equiv HKLC$ (terzo postulato equivalenza, 5)

8.2 L'inverso del teorema di Pitagora

Il teorema di Pitagora ammette anche un teorema inverso. Si tratta della proposizione 48 (l'ultima) del primo libro degli *Elementi*, in base alla quale:

> **Se in un triangolo il quadrato di uno dei lati è uguale [*equivalente*] alla somma dei quadrati dei rimanenti due lati del triangolo, l'angolo che è compreso dai due rimanenti lati del triangolo è retto**

Per la dimostrazione facciamo riferimento alla Figura 43. Sia *ABC* un triangolo nel quale sappiamo che il quadrato costruito sul lato *CB* è equivalente alla somma dei quadrati costruiti sui lati *AC* e *AB*. Dal vertice *A* tracciamo la retta *r* perpendicolare ad *AC* e su di essa prendiamo un segmento $AD = AB$.

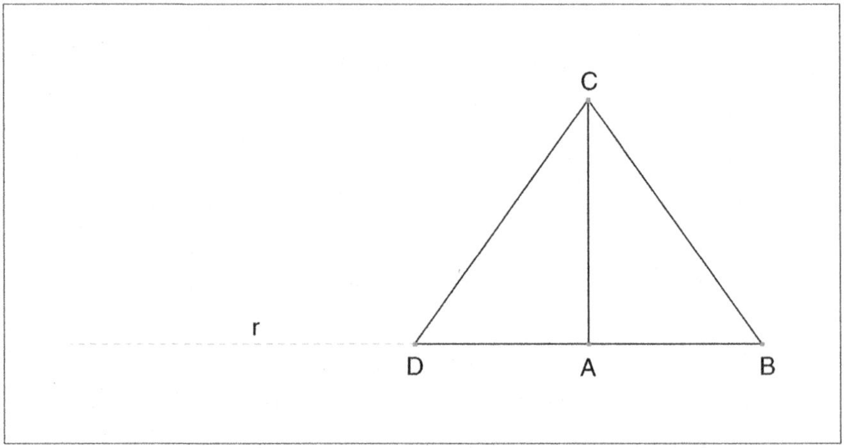

Figura 43: Inverso del teorema di Pitagora

Per far vedere che l'angolo $C\hat{A}B$ è retto consideriamo i triangoli *ACD* e *ABC*: essi sono uguali in base al terzo criterio di uguaglianza. Hanno infatti il lato *AC* in comune, $AD = AB$ per costruzione e, quanto alla rimanente coppia di lati, osserviamo che il quadrato costruito su *CD* è equivalente alla somma dei quadrati di *AD* e *AC* per il teorema di Pitagora, mentre il quadrato costruito su *CB* è equivalente alla somma dei quadrati di *AC* e *AB* per ipotesi. I quadrati di lato *CD* e *CB* rispettivamente sono quindi equivalenti, da ciò segue che sono uguali e che anche i lati lo sono.

Ora, quest'ultima parte della deduzione si basa su un risultato – cioè che per il quadrato l'equivalenza implichi l'uguaglianza – che nella trattazione originale di Euclide viene applicato senza ulteriori giustificazioni ma che in realtà non è ovvio. La dimostrazione è comunque molto semplice e viene lasciata per esercizio.

Formalizziamo i passaggi della dimostrazione:

Ipotesi: nel triangolo ABC vale la relazione[a]: $Q(CB) \equiv Q(AB) + Q(AC)$; la costruzione di Figura 43 con r perpendicolare ad AC

1. $AD = AB$ (ipotesi)
2. $Q(CB) \equiv Q(AB) + Q(AC)$ (ipotesi)
3. $Q(CD) \equiv Q(AD) + Q(AC)$ (teorema di Pitagora, ipotesi)
4. $Q(AD) = Q(AB)$ (1)
5. $Q(CD) \equiv Q(CB)$ (secondo postulato equivalenza, 2, 3, 4)
6. $CD = CB$ (5)
7. $AC = AC$
8. $ABC = ACD$ (terzo criterio uguaglianza, 1, 6, 7)
9. $C\hat{A}B = C\hat{A}D$ (E.C.T.U., 8)
10. **Tesi**: $C\hat{A}B = \frac{\pi}{2}$ (9, ipotesi)

a. Nota: per non appesantire troppo la scrittura, utilizziamo la notazione Q(AB) per indicare il quadrato costruito su AB.

8.3 Una dimostrazione alternativa del teorema di Pitagora

Quella che viene data da Euclide nel primo libro degli *Elementi* non è l'unica dimostrazione possibile del teorema di Pitagora. Uno studioso statunitense, E. S. Loomis, pubblicò nel 1927 una raccolta di ben 370 dimostrazioni diverse di questo teorema. In particolare, eccone una molto elegante nella sua semplicità.

Consideriamo i due quadrati uguali $ABCD$ e $IJKL$ di Figura 44. Da ognuno di essi togliamo poi quattro triangoli rettangoli uguali (AFE, FBG, GCH e HDE nel quadrato di

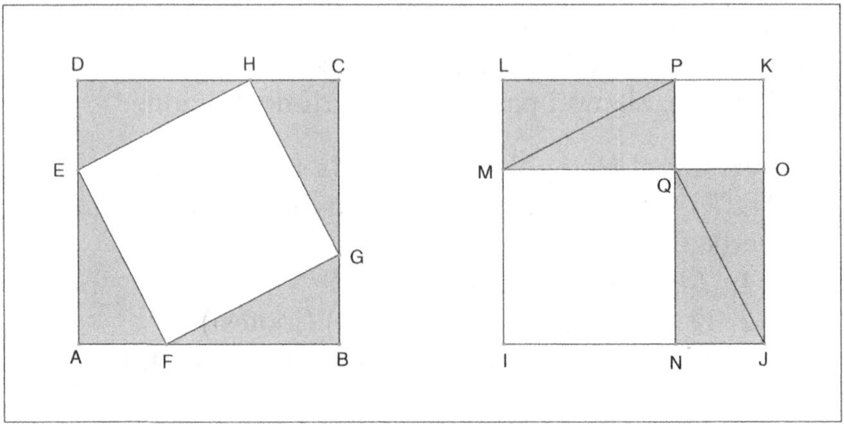

Figura 44: Una dimostrazione alternativa del teorema di Pitagora

sinistra e *LMP*, *MQP*, *NJQ* e *QJO* in quello di destra); è immediato riconoscere che la figura rimanente è, nel quadrato di sinistra, il quadrato *EFGH* costruito sull'ipotenusa di uno qualsiasi dei quattro triangoli rettangoli, mentre è la somma dei quadrati *INQM* e *PQOK* costruiti sui cateti nel quadrato di destra. In base al terzo postulato dell'equivalenza le due figure devono essere equivalenti, e con ciò risulta dimostrato il teorema di Pitagora.

8.4 Problema svolto n. 1

Costruire con riga e compasso due segmenti sapendo la loro somma e il quadrato equivalente alla somma dei loro quadrati. Si tratta di determinare due segmenti a e b sapendo che $a + b = s$ (dove s è un segmento assegnato che rappresenta la loro somma) e che $Q(a) + Q(b) = Q(c)$, essendo c il lato del quadrato assegnato come seconda condizione del problema.

Quest'ultima condizione, facendo riferimento al teorema di Pitagora, si traduce nel fatto che c deve essere l'ipotenusa

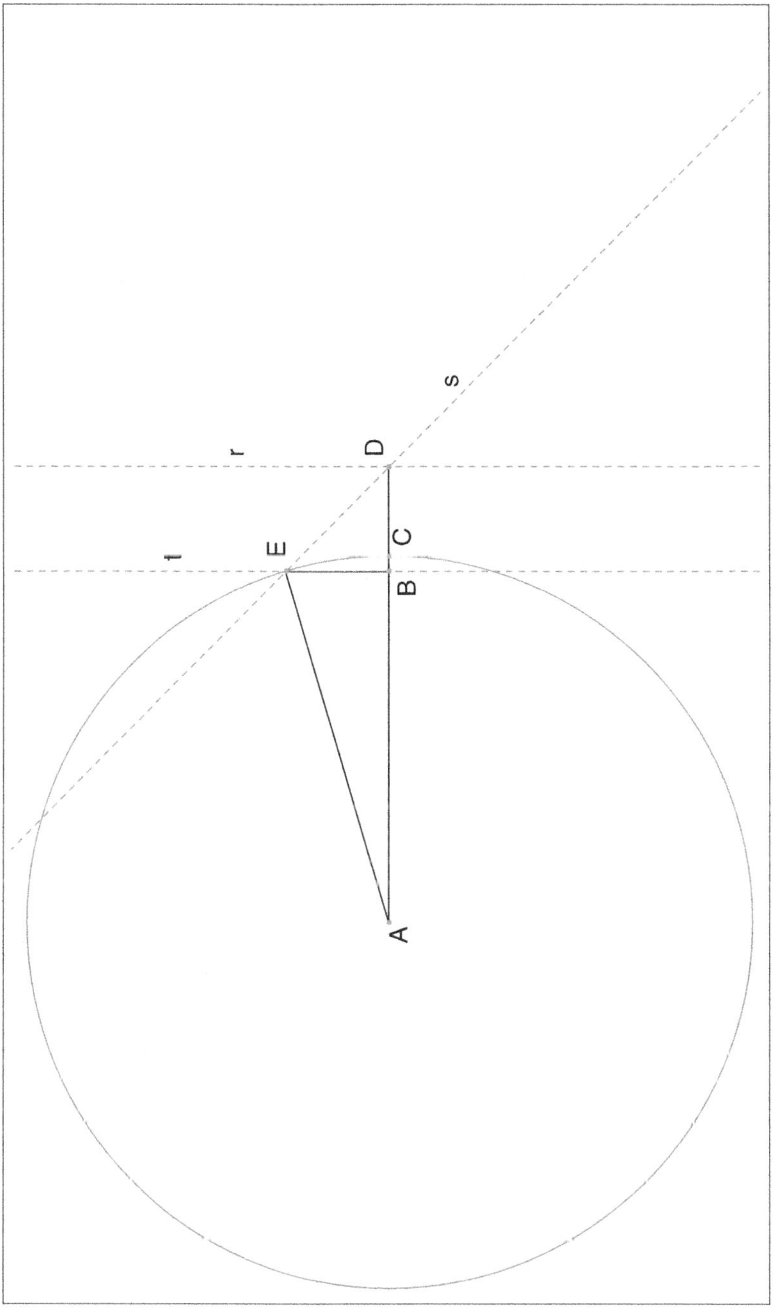

Figura 45: Problema svolto n. 1

di un triangolo rettangolo di cateti a e b. La costruzione è riportata in Figura 45, dove $AD = s$, $AC = c$, le rette r e t sono perpendicolari al segmento AD ed s è una retta a 45° rispetto allo stesso segmento. La circonferenza, che ha centro in A e raggio pari a c, incontra la retta s in E (e in un altro punto). Osserviamo che il triangolo EBD è isoscele (in quanto rettangolo e con gli angoli alla base di 45°) e quindi $EB = BD$, cosicché $AB + EB = AB + BD = s$. Inoltre AB e EB sono anche i cateti di un triangolo rettangolo di ipotenusa c. Entrambe le condizioni del problema sono soddisfatte e pertanto AB e EB sono due segmenti cercati. Osserviamo che se avessimo utilizzato come punto E la seconda intersezione di s con la circonferenza si sarebbe trovata la stessa soluzione, in quanto il triangolo rettangolo così ottenuto ha gli stessi cateti di ABE (la dimostrazione è lasciata per esercizio). Scriviamo i vari passi della costruzione (in riferimento alla Figura 45):

1. sul segmento $AD = s$ riportare il segmento $AC = c$
2. tracciare la retta r passante per D e perpendicolare al segmento AD
3. tracciare la retta s bisettrice dell'angolo retto formato da AD ed r
4. tracciare la circonferenza di centro A e raggio AC
5. il punto E è l'intersezione tra la circonferenza e la retta s
6. tracciare la retta t passante per E perpendicolare al segmento AD
7. il punto B, intersezione tra t e AD, determina i due segmenti cercati: AB e BD

Riportiamo anche la formalizzazione della dimostrazione associata con questa costruzione geometrica:

Ipotesi: la costruzione geometrica vista sopra

1. $EB = BD$ (teor. inverso triangolo isoscele, ipotesi)
2. EB perpendicolare AB (ipotesi)
3. **Tesi (1 condizione)**:$Q(AB) + Q(EB) = Q(AE) = Q(c)$ (teor. Pitagora, 2, ipotesi)
4. **Tesi (2 condizione)**: $AB + EB = AD = s$ (1, ipotesi)

8.5 Problema svolto n. 2

Costruire con riga e compasso due segmenti sapendo la loro somma e il quadrato equivalente alla differenza dei loro quadrati. Si tratta di determinare due segmenti a e b sapendo che $a + b = s$ (dove s è un segmento assegnato che rappresenta la loro somma) e che $Q(a) - Q(b) = Q(c)$, essendo c il lato del quadrato assegnato come seconda condizione del problema.

Quest'ultima condizione, facendo riferimento al teorema di Pitagora, si traduce nel fatto che a deve essere l'ipotenusa di un triangolo rettangolo di cateti b e c.

Per illustrare la costruzione facciamo riferimento alla Figura 46. Su due rette perpendicolari riportiamo i segmenti $AC = c$ e $AB = s$. Tracciamo poi la retta r, asse del segmento BC. Sia D il punto di intersezione di r con AB. Poiché D appartiene all'asse del segmento BC si ha $DB = DC$; pertanto ADC è un triangolo rettangolo in cui DC è l'ipotenusa e i cateti sono AD e $AC = c$. Inoltre $AD + DC = AD + DB = s$.

Le due condizioni del problema sono quindi rispettate essendo $DC = a$ e $AD = b$. Scriviamo i vari passi della costruzione (in riferimento alla Figura 46):

1. su due semirette perpendicolari riportare i segmenti $AB = s$ e $AC = c$
2. tracciare la retta r, asse del segmento BC
3. il punto D è l'intersezione tra la retta r e il segmento AB

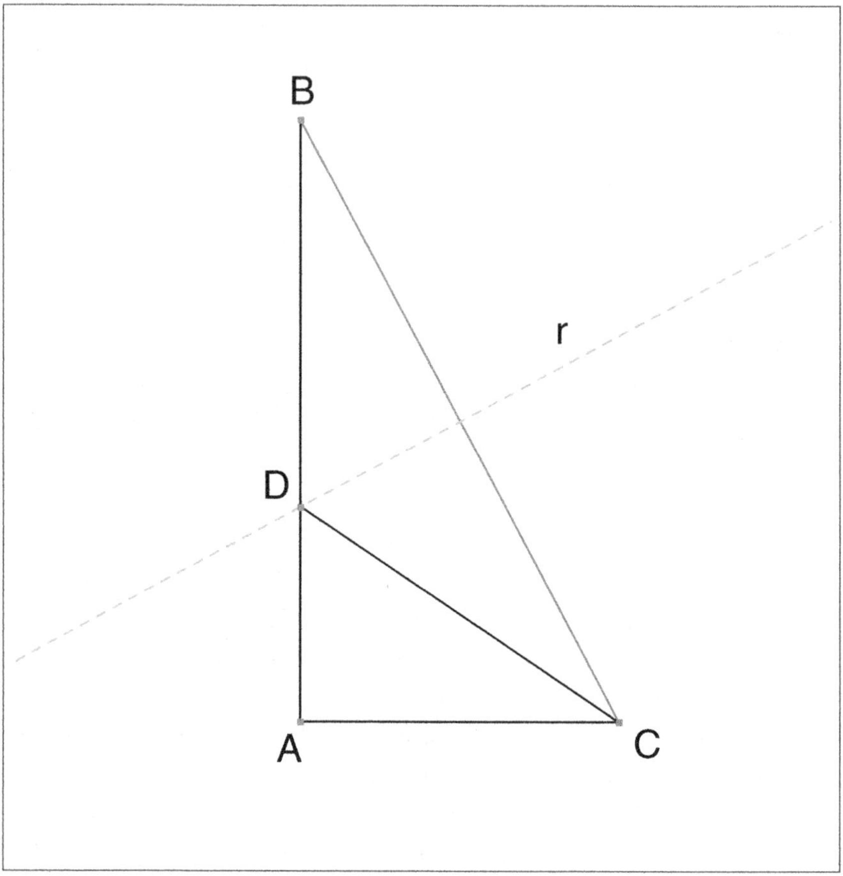

Figura 46: Problema svolto n. 2

4. i segmenti cercati sono $DC = a$ e $AD = b$

Riportiamo anche la formalizzazione della dimostrazione associata con questa costruzione geometrica:

Ipotesi: la costruzione geometrica vista sopra

1. $BD = DC$ (ipotesi)
2. **Tesi (1 condizione)**:$Q(DC) - Q(DA) = Q(AC) =$

$Q(c)$ (teor. Pitagora, ipotesi)
3. **Tesi (2 condizione)**: $AD + DC = AB = s$ (1)

8.6 Verifiche di comprensione e conoscenza

1. Quali notizie storiche abbiamo del teorema di Pitagora?
2. Enuncia il teorema di Pitagora.
3. Enuncia e dimostra il primo teorema di Euclide.
4. Dimostra il teorema di Pitagora.
5. Come viene presentato negli *Elementi* il secondo teorema di Euclide?
6. Enuncia e dimostra il secondo teorema di Euclide.
7. È possibile invertire il teorema di Pitagora?
8. Enuncia il teorema inverso del teorema di Pitagora.
9. Quale risultato sull'equivalenza dei quadrati è necessario per dimostrare l'inverso del teorema di Pitagora?
10. Dimostra l'inverso del teorema di Pitagora.
11. Quante dimostrazioni diverse del teorema di Pitagora sono state catalogate?
12. Esponi una dimostrazione alternativa del teorema di Pitagora.

8.7 Problemi

1. Dati due segmenti a e b, con $a < b$, costruisci con riga e compasso il rettangolo avente un lato pari a b e che sia equivalente al quadrato di lato a.
2. È data una circonferenza di centro O, una sua corda AB di cui H è il punto medio. Consideriamo poi le tangenti alla circonferenza in A e B che si incontrano in C. Dimostra che – indipendentemente dalla posizione della corda AB – il rettangolo di lati OH e OC

è equivalente al triangolo rettangolo isoscele inscritto nella circonferenza.

3. Sia P un punto qualsiasi interno ad un rettangolo $ABCD$. Dopo avere unito P con i quattro vertici del rettangolo dimostra che: $Q(AP) + Q(PC) \equiv Q(DP) + Q(PB)$.
4. Costruisci con riga e compasso il quadrato equivalente alla somma di tre quadrati dati.
5. Dato il rettangolo $ABCD$, costruisci i triangoli acutangoli ABP e DCP esterni al rettangolo, con P più vicino ad A e D rispettivamente che a B e C. Dimostra che: $Q(PB) - Q(PA) \equiv Q(PC) - Q(PD)$.
6. Nel triangolo ABC, CH è l'altezza relativa al lato AB. Dimostra che: $Q(AC) - Q(AH) \equiv Q(BC) - Q(BH)$.
7. Per un punto E dell'ipotenusa AB di un triangolo rettangolo ABC traccia la perpendicolare all'ipotenusa che incontra in F il cateto BC (o il suo prolungamento). Dimostra che: $Q(AC) + Q(CF) \equiv Q(AE) + Q(EF)$.
8. Dimostra – facendo ricorso al teorema di Pitagora – che il quadrato circoscritto è equivalente al doppio del quadrato inscritto in una stessa circonferenza.
9. Dimostra che se due quadrati sono equivalenti allora sono anche uguali.
10. Dato un rettangolo costruisci con riga e compasso il quadrato ad esso equivalente.
11. Costruisci con riga e compasso il quadrato equivalente alla metà di un quadrato dato.
12. Costruisci con riga e compasso il quadrato equivalente al triplo di un quadrato dato.
13. Dimostra che, dati due segmenti, la somma dei quadrati costruiti su di essi è sempre suvvalente rispetto al quadrato costruito sulla loro somma.
14. In riferimento alla Figura 45, dimostra che scegliendo

la seconda intersezione della retta s con la circonferenza si ottiene un triangolo uguale ad ABE.

15. È data una circonferenza di diametro AB. Siano r ed s le tangenti in A e B e sia t una terza tangente che tocca la circonferenza in C. Dette P e Q le intersezioni di t con r ed s, dimostra che il rettangolo di lati PC e QC è equivalente al quadrato avente per lato il raggio della circonferenza.
16. Costruisci con riga e compasso un rettangolo sapendo la somma s dei suoi lati e il lato ℓ del quadrato ad esso equivalente.

Made in the USA
Monee, IL
04 November 2026

67771641R00085